班组安全行丛书

电气安全知识

（第二版）

杨　勇　主编　任志斌　副主编

中国劳动社会保障出版社

图书在版编目(CIP)数据

电气安全知识/杨勇主编. -- 2 版. --北京：中国劳动社会保障出版社，2017

（班组安全行丛书）

ISBN 978-7-5167-3075-1

Ⅰ.①电… Ⅱ.①杨… Ⅲ.①电气安全-基本知识 Ⅳ.①TM08

中国版本图书馆 CIP 数据核字(2017)第 201480 号

中国劳动社会保障出版社出版发行

（北京市惠新东街 1 号 邮政编码：100029）

*

三河市华骏印务包装有限公司印刷装订 新华书店经销

880 毫米×1230 毫米 32 开本 6.75 印张 153 千字

2018 年 1 月第 2 版 2021 年 1 月第 4 次印刷

定价：18.00 元

读者服务部电话:(010)64929211/84209101/64921644

营销中心电话:(010)64962347

出版社网址:http://www.class.com.cn

内容简介

本书围绕企业电气工人应具备的基本安全知识编写，内容包括电工作业基础知识，预防触电，常用电工仪表、设备使用安全，供配电安全，电力线路安全，电气设备运行与维修安全，电气防火防爆与防雷等内容。

本书叙述简明扼要，内容通俗易懂。本书可作为班组安全生产教育培训教材，也可供从事电气安全生产工作的有关人员参考使用。

前言

班组是企业最基本的生产组织，是实际完成各项生产工作的部门，始终处于安全生产的第一线。班组的安全生产状况，对于维持企业正常生产秩序，提高企业效益，确保职工安全健康和企业可持续发展具有重要意义。据统计，在企业的伤亡事故中，绝大多数属于责任事故，而这些责任事故90%以上又发生在班组。因此可以说，班组平安则企业平安；班组不安则企业难安。由此可见，班组的安全生产教育直接关系到企业整体的生产状况乃至企业发展的安危。

为适应各类企业班组安全生产教育培训的需要，中国劳动社会保障出版社特组织编写了“班组安全行丛书”。该丛书出版以来，受到广大读者朋友的喜爱，成为他们学习安全生产知识、提高安全技能的得力工具。近年来，很多法律法规、技术标准、生产技术都有了较大变化，不少读者通过各种渠道进行意见反馈，强烈要求对这套丛书进行改版。为了满足广大读者的愿望，我社决定对该丛书进行改版。改版后的丛书包括以下品种：

《安全生产基础知识（第二版）》《职业卫生知识（第二版）》《应急救护知识（第二版）》《个人防护知识（第二版）》《劳动权益与工伤保险知识（第三版）》《消防安全知识（第三版）》《电气安全知识（第二版）》《焊接安全知识（第二版）》《登高作业安全知识》《带电作业安全知识》《有限空间作业安全知识》《接尘作业安全知识》，共计12

分册。

该丛书主要有以下特点：一是具有权威性。丛书作者均为全国各行业长期从事安全生产、劳动保护工作的专家，既熟悉安全管理和技术，又了解企业生产一线的情况，因此，所写的内容准确、实用。二是针对性强。丛书在介绍安全生产基础知识的同时，以作业方向为模块进行分类，每分册只讲述与本作业方向相关的知识，因而内容更加具体，更有针对性，班组在不同时期可以选择不同作业方向的分册进行学习，或者，在同一时期选择不同分册进行组合形成一套适合作业班组使用的学习教材。三是通俗易懂。丛书以问答的形式组织内容，而且只讲述最常见的、最基本的知识和技术，不涉及深奥的理论知识，因而适合不同学历层次的读者阅读使用。

该丛书按作业内容编写，面向基层，面向大众，注重实用性，紧密联系实际，可作为企业班组安全生产教育的教材，也可供企业安全管理人员学习参考。

目录

电工作业基础知识

1. 什么是电流?

失去电子的微粒称为正电荷，得到电子的微粒称为负电荷，带有电荷的物体称为带电体。电荷的多少用电量或电荷量表示。电量的符号是 Q；电量的常用单位是 C（库或库仑）、μC（微库或微库仑），$1\ \text{C}=1\times10^{6}\ \mu\text{C}$。

在电荷的周围存在着电场。电场的表现是对电场内的轻小物体有吸引力的作用。电场的强弱用电场强度表示。电场强度的符号是 E；电场强度的单位是 V/m（伏/米）。绝缘材料在超强电场中会发生击穿放电而遭到破坏。例如，当空气中电场强度超过 30 kV/cm 时，将发生击穿放电。

电流是带电微粒的定向移动，通常以正电荷移动的方向作为电流的正方向。大小和方向不随时间变化的电流称为直流电流；大小和方向随时间作周期性变化的电流称为交流电流。

电流的大小称为电流强度，简称电流。电流的符号是 I，电流的单位是 A（安）、mA（毫安），$1\ \text{A}=1\times10^{3}\ \text{mA}$。

2. 什么是电阻?

电阻是电流遇到的阻力。电阻的符号是 R，电阻的单位是 Ω

（欧）、MΩ（兆欧）等，1 MΩ=1×10^6 Ω。

例如：一只额定电压 220 V、功率 15 W 的白炽灯泡的灯丝电阻约为 3 330 Ω；人体电阻为 1 000～3 000 Ω；长 30 m、截面 1.5 mm² 铜线的电阻约为 0.344 Ω。一般情况下，线路的电阻比负载电阻小得多，在电路计算和分析时，连接导线的电阻可以忽略不计。

电阻率是表明材料导电性能的参数。电阻率是单位长度、单位截面导线的电阻。电阻率的符号是 ρ，电阻率的单位是 Ω·m、Ω·mm²/km 等。例如，20℃时导电用铜的电阻率为 17.48～17.9 Ω·mm²/km，20℃时导电用铝的电阻率为 28.3～29 Ω·mm²/km，20℃时导电用铁的电阻率约为 97.8 Ω·mm²/km。导线的电阻按下式计算：

$$R=\frac{\rho l}{S}$$

式中，l 和 S 分别为导线的长度和截面，ρ 为材料的电阻率。该式表明，导线的电阻与导线长度成正比，与导线截面成反比。

3. 什么是电压？

电压是产生电流的能力。在图 1—1 所示电路中，在 a、b 两点之间加上电压 U，电阻 R 上就有电流 I 流过。图中，a 为高电压点（高电位点）、b 为低电压点（低电位点）。因此，电压的大小就是两点之间的电位差，电压的方向是从高电位点到低电位点。

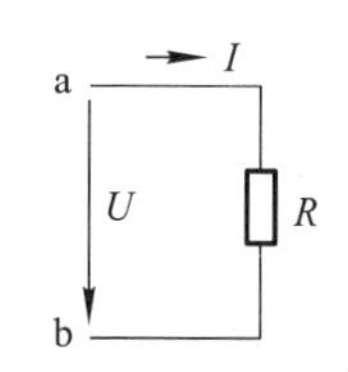

图 1—1　部分电路的欧姆定律

电压的符号是 U，电压的单位是 V（伏）、kV（千伏），1 kV=1×10³ V。

4. 什么是电路?

电路是电流流经的路径，各种电气装置的工作都是通过电路来实现的。电路由电源、连接导线、控制电器、负载及辅助设备组成，电源是提供电能的设备。电源的功能是把非电能转变为电能，如电池把化学能转变为电能、发电机把机械能转变为电能等。负载是电路中消耗电能的设备，它的功能是把电能转变为其他形式的能量，如电炉把电能转变为热能、电动机把电能转变为机械能等。电动机、照明器具、家用电器等是常见的负载。控制电器是控制电路通、断的设备，刀开关、断路器都属于控制电器。辅助设备用于实现对电路的控制、保护及测量的设备。继电器、熔断器、测量仪表属于辅助设备。连接导线把电源、负载和其他设备连接成一个闭合回路，连接导线的作用是传输电能或传送电讯号。

通常用符号表示电路中的实际元件，用符号绘制的图称为电路图，常用电气元件的符号见表 1—1。

表 1—1　　常用电气元件的符号

电气元件名称	电气元件符号	电气元件名称	电气元件符号
导线		电池或电源	+ −
端子	o	恒定电压源	+ −
电阻		开关	
电容		灯	
电感		二极管	

图 1—2 所示的是最简单的电路图。

图 1—2　简单电路图

5. 什么叫电路的串联与并联？

（1）串联电路。串联电路是把几个电阻或其他电路元件的首尾端顺次连接起来，使电流只有一条通路的电路。图 1—3 所示电阻 R_1 与电阻 R_2 串联的电路中，以下关系成立：

$$U=U_1+U_2$$

$$R=R_1+R_2$$

$$\frac{U_1}{U_2}=\frac{R_1}{R_2}$$

在串联电路中，各电阻上流过同一电流，电路的总电压为各电阻上的电压之和，电路的总电阻为各电阻之和，各电阻上的电压与电阻成正比。

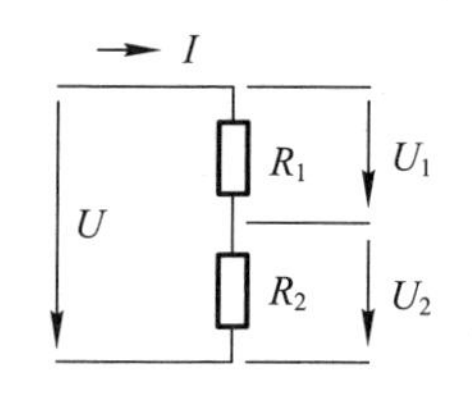

图 1—3　串联电路

串联电路有以下特点：串联电路电流处处相等；串联电路总电压等于各处电压之和；串联电阻的等效电阻等于各电阻之和；串联电路总功率等于各功率之和；串联电容器的等效电容量的倒数等于各个电容器的电容量的倒数之和；串联电路中，除电流处处相等以外，其余各物理量之间均成正比；开关在任何位置控制整个电路，即其作用与所在的位置无关；若想在一个电路中，控制所有电路，即可使用串联电路；串联电路中，只要有某一处断开，整个电路就成为断路。

（2）并联电路。并联电路是把几个电阻或其他电路元件的首端与首端、尾端与尾端相互连接起来，使电流同时有几条通路的电路。图1—4 所示电阻 R_1 与电阻 R_2 并联的电路中，以下关系成立：

$$I=I_1+I_2$$

$$\frac{1}{R}=\frac{1}{R_1}+\frac{1}{R_2}$$

$$\frac{I_1}{I_2}=\frac{R_2}{R_1}$$

在并联电路中，各电阻上为同一电压，电路的总电流为各电阻上的电流之和，电路总电阻的倒数为各电阻倒数之和，各电阻上的电流与电阻成反比。

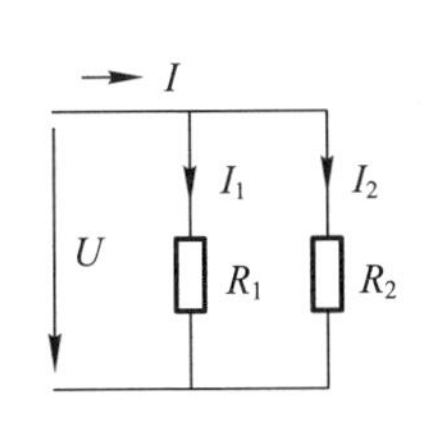

图 1—4　并联电路

串联和并联有显著区别，主要表现为：若电路中的各元件是逐个顺次连接来的，则电路为串联电路；若各元件“首首相接，尾尾相连”并列地连在电路两点之间，则电路就是并联电路。

6. 如何计算和理解电路?

欧姆定律是表示电路中电压、电流、电阻之间关系的定律，是最基本的计算和理解电路的定律，主要包括以下几个方面。

(1) 部分电路欧姆定律。根据欧姆定律，对于图 1—5 所示电路，部分电路欧姆定律的表达式为：

$$U=IR \quad 或 \quad I=\frac{U}{R}$$

式中　U——电路上的电压，V；

I——流经电路的电流，A；

R——电路的电阻，Ω。

欧姆定律表明，电路中电压保持不变时，电流与电阻成反比；电阻保持不变时，电流与电压成正比；电流保持不变时，电压与电阻成正比。电路中电阻越大则电流越小，当电阻为零时，电流很大，这种电路的状态称为短路状态；当电阻为无穷大时，电流为零，这种电路状态称为开路状态。

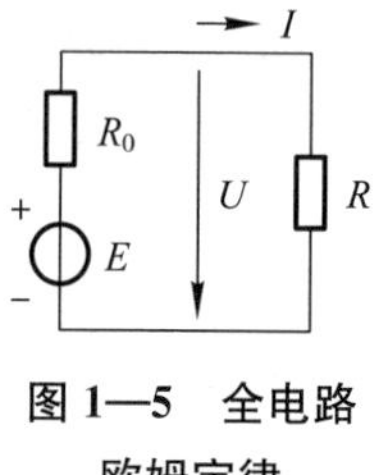

图 1—5　全电路欧姆定律

（2）全电路欧姆定律。在图 1—5 所示的包含电源在内的闭合电路中，电压与电流之间的关系符合全电路欧姆定律。即：

$$I=\frac{E}{R+R_0} \quad \text{或} \quad E=IR+IR_0=U+IR_0$$

式中　E——电源的电动势，是电源产生电流的能力，方向从低电位点到高电位点，V；

I——电流，A；

R——负载电阻，Ω；

R_0——电源内部的电阻，Ω。

全电路欧姆定律表明，在闭合电路中，电流与电源电动势成正比，与电路中电源内阻和负载电阻之和成反比。

（3）基尔霍夫定律。基尔霍夫定律是计算和理解较复杂电路的基本方法，也称为基尔霍夫第一定律，是确定电路中任一节点所连接各支路电流之间关系的定律。该定律指出，对于电路中任一节点，流入节点的电流之和恒等于流出节点的电流之和。

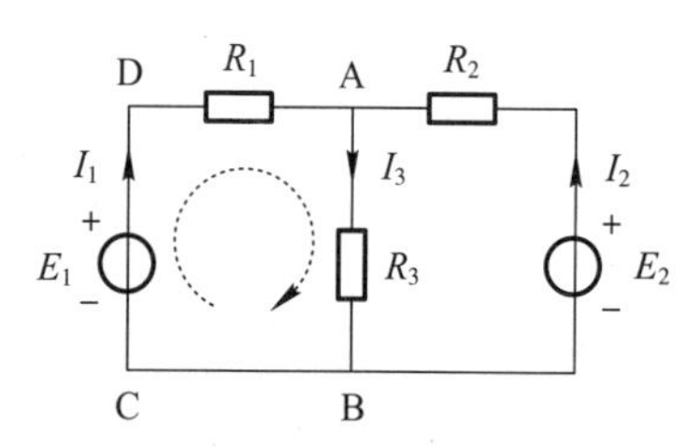

图 1—6　基尔霍夫电流定律

在图 1—6 所示电路中，I_1、I_2是流入节点 A 的电流，I_3是流出节点 A

的电流。根据基尔霍夫电流定律，I_1、I_2、I_3之间保持以下关系：

$$I_1+I_2=I_3$$

将 I_3移到等号左边，可以得到：

$$I_1+I_2-I_3=0$$

一般情况下，流入（或流出）电路中任一节点的电流的代数和为零，即：

$$\sum I=0$$

这是基尔霍夫电流定律的一般表达式。式中，$\sum$表示取代数和，说明各电流有正有负。如令流入节点的电流为正，则流出节点的电流为负；反之，如令流入节点的电流为负，则流出节点的电流为正。

基尔霍夫电压定律也称为基尔霍夫第二定律，是确定电路的任一回路中各部分电压之间关系的定律。该定律指出，对于电路的任一回路，沿回路绕行一周，回路中各电源电动势的代数和等于各电阻上电压降的代数和。即：

$$\sum E=\sum IR$$

应当注意，凡与绕行方向一致的电动势或电压降都取正号；反之，则取负号。在图 1—6 所示电路中，沿 C—D—A—B 回路绕行一周，必有：

$$E_1=I_1R_1+I_3R_3$$

7.什么是电能和电功率？

（1）电能。电能是表示电流做多少功的物理量，指电以各种形式做功的能力（所以有时也叫电功），也可表示为电气设备在一段时间内所转换的能量。电能的单位是 J（焦或焦耳）。电能与电功率的关系是：

$$W=Pt$$

式中 W——电能，J；

P——功率，W；

t——持续时间，s。

实用中常用kW·h作为电能的单位，也即常说的“度”，1 kW·h=3.6×10^6 J。

（2）电功率。电功率用以表示电气设备做功的能力，即电气设备单位时间所做的功。功率的符号是 P，单位是 W（瓦）、kW（千瓦），1 kW=1×10^3 W。电功率与电压和电流的乘积成正比。在直流电路中，电功率可以表示为：

$$P=UI=I^2R=\frac{U^2}{R}$$

式中 P——电功率，W；

U——电压，V；

I——电流，A；

R——电阻，Ω。

每个电器都有一个正常工作的电压值，叫额定电压，电器在额定电压下正常工作的功率叫作额定功率，电器在实际电压下工作的功率叫作实际功率。

8. 什么叫电磁感应？

磁场是一种看不见的空间。磁场的表现是引进场域内的磁针发生偏转和取向，引进场域内的电流受到力的作用。磁场强弱可用磁感应强度表示。磁感应强度的符号是 B，其大小为单位长度的单位直线电流在均匀磁场中所受到的作用力。磁感应强度的常用单位是 T（特斯拉）和 Gs（高斯），1 T=1×10^4 Gs。

磁感应强度与磁场前进方向上某一面积的乘积称为磁通。磁通是磁路中与电路中电流相当的物理量。磁通的符号是 Φ，单位是 Wb（韦伯）和 Mx（麦克斯韦），1 Wb=1×10^{8} Mx。如某一面积 S 与磁感应强度 B 垂直，则 $\Phi=BS$。因为 $B=\Phi/S$，所以磁感应强度也称为磁通密度。

磁场可由天然磁体产生（如地磁场），可由永久磁体产生，也可由电流产生。在电气设备中，最常见到的是由电流产生的磁场。电磁铁、电动机都是利用电流的磁场来进行工作的。电流所产生磁场的方向由右手螺旋定则（也称安培定则）确定，如图 1—7 所示。将右手握拳，拇指伸开，如拇指表示直线电流的方向，则卷曲的四指表示直线周围磁场的方向；如卷曲的四指表示线圈电流的方向，则拇指表示线圈内磁场的方向。

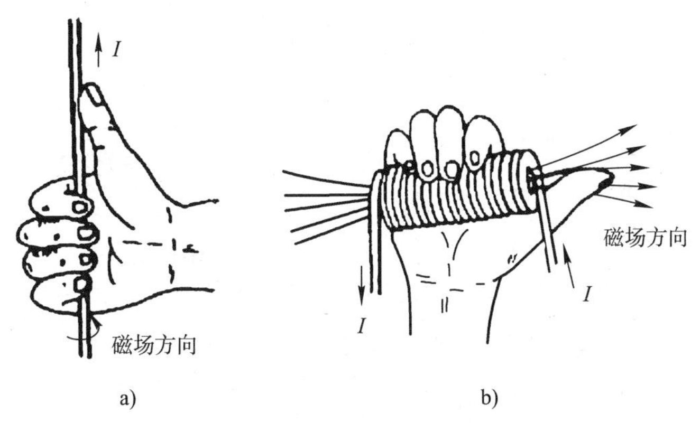

图 1—7　右手螺旋定则

a）直导线电流的磁场　b）线圈电流的磁场

如图 1—8 所示，当线圈内的磁通 Φ 发生变化时，线圈内即产生感应电动势 e。如果线圈不是短路的，线圈内即产生感应电流。线圈内感应电动势的大小与磁通变化的速率成正比。对于 N 匝的线圈，感应电动势的大小为：

$$e=N\left|\frac{\Delta\Phi}{\Delta t}\right|$$

这一规律即法拉第电磁感应定律。这种感应电动势明显是由磁通的变化引起的，通常称为变压器电动势。

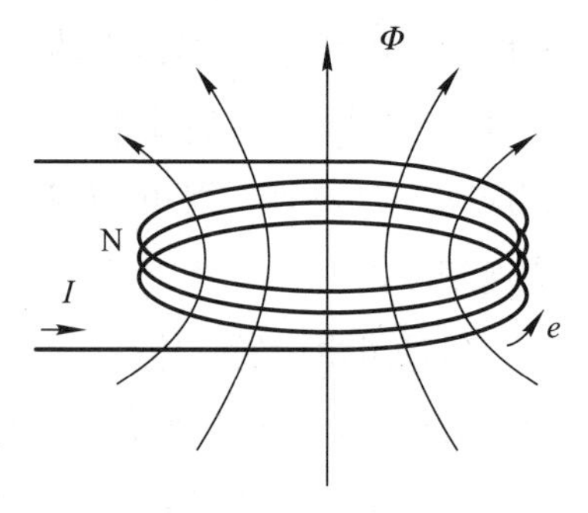

图 1—8　电磁感应

当磁通 Φ 增大时，线圈中感应电动势和感生电流的实际方向是与所表示的电动势 e 的方向相反的；而磁通 Φ 减小时，线圈中感应电动势和感生电流的实际方向是与所表示的电动势 e 的方向相同的。即感生电流的磁场总是力图阻止原磁场发生变化的。这一规律称为楞次定律。

产生感应电动势的另一种方式是导线切割磁场（即导线切割磁力线）。如图 1—9 所示，当长度为 l 的导线以 v 的速度垂直地切割磁场时，导线上所产生感应电动势的大小为：

$$e=Blv$$

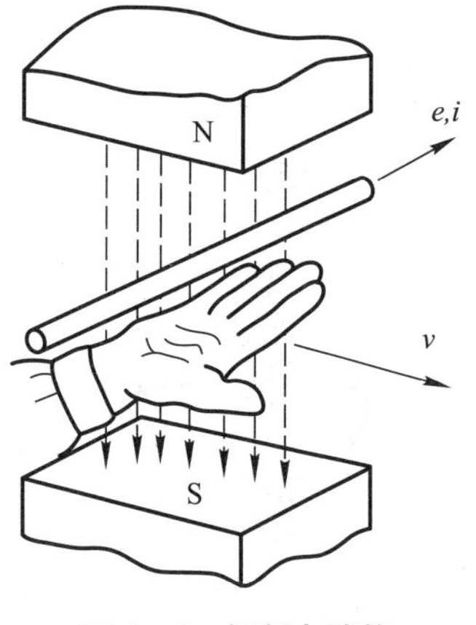

图 1—9　切割电动势

如图 1—9 所示，切割电动势的方向可由右手定则确定：平伸右手，拇指与并拢的其他四指成 90°，磁场穿过手心，拇指指向切割方向，则并拢的四指表示感应电动势的方向。这种感应电动势称为切割电动势，也称为发电机电动势。

9. 交流电路分为哪几种?

（1）单相交流电路。单相交流电路是指由一相正弦交流电源作用的电路，即电路中的电流、电压或电动势的大小和方向都随时间按正弦规律变化的电路。常用的正弦交流电源有交流发电机和正弦信号发生器等，广泛应用在工业生产和日常生活中。

交流电每一循环所用的时间称为周期；每秒钟交变的周期数称为频率；每秒钟交变的弧度数称为角频率。周期与频率互为倒数。

（2）三相交流电路。由三相交流电源供电的电路，简称三相电路。三相交流电源是指能够提供 3 个频率相同而相位不同的电压或电流的电源，其中最常用的是三相交流发电机。

由于三相交流电可以节约导电材料和磁性材料，以及三相电机有较好的运行性能，三相交流电得到了最为广泛的应用。三相交流电源是由三相交流发电机提供的。

三相电源和三相负载都有星形接法和三角形接法。如图 1—10 所示，星形接法是将各相负载的尾端连接在一起的接法；三角形接法是依次将一相负载的尾端与下一相的首端连接在一起的接法。自负载引出的三条线称为相线。

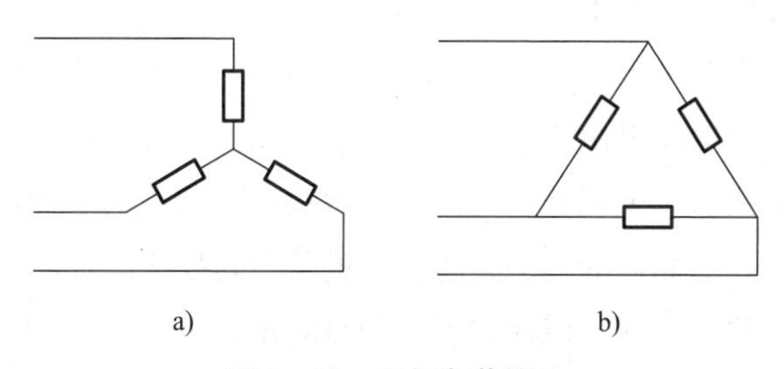

图 1—10　三相负载接法

a）星形接法　b）三角形接法

三相电路有相电压和线电压之分。相电压是每相负载或每相电源首、尾端之间的电压，线电压是每两条相线之间的电压。

三相电路的电流也有相电流和线电流之分。相电流是流经每相负载或每相电源的电流，线电流是流经相线的电流。

10. 什么叫数字电路?

数字电路的输入信号和输出信号是不连续的脉冲信号，最典型的是矩形波信号，数字电路研究的是在矩形脉冲的作用下电路输出与输入之间的逻辑关系，即电路的逻辑功能。在数字电路中的电子器件工作在开关状态，即工作在截止和饱和两种状态，相应的输出电压为高、低两种状态。因此在数字电路中，用“1”和“0”两个数码表示电路的状态。

数字电路可分为组合逻辑电路和时序逻辑电路。在组合逻辑电路中，电路在任一时刻的输出状态只取决于该时刻的输入状态，而与该时刻前电路的原始状态无关。在时序逻辑电路中，电路在任一时刻的输出状态不仅取决于当时的输入状态，而且还取决于电路的原始状态。

逻辑电路是由逻辑门电路组成的。最基本的逻辑门是与门、或门和非门，分别用以表示输出与输入之间“与”“或”“非”的逻辑关系。复合门中最常见的是与非门、或非门、与或非门、异或门。

组合逻辑电路是由逻辑门组合而成，用于实现各种控制要求的逻辑电路。加法器、编码器、译码器、数据选择器等是组合逻辑电路的实例。其中，编码器的功能是将相应的信息转换成二进制代码；译码器的功能是将二进制代码译成相应信息输出。

时序逻辑电路有记忆性功能，其输入和输出之间有明确的时间顺序关系。触发器、寄存器、计数器是时序逻辑电路的实例。

11. 什么是电工作业?

2010 年 5 月 24 日，国家安全生产监督管理总局签署第 30 号局长令，公布了《特种作业人员安全技术培训考核管理规定》，自 2010 年 7 月 1 日起施行。《特种作业人员安全技术培训考核管理规定》附录的《特种作业目录》规定：

电工作业是指对电气设备进行运行、维护、安装、检修、改造、施工、调试等作业（不含电力系统进网作业）。

高压电工作业是指对 1 千伏（kV）及以上的高压电气设备进行运行、维护、安装、检修、改造、施工、调试、试验及绝缘工、器具进行试验的作业。

低压电工作业是指对 1 千伏（kV）以下的低压电气设备进行安装、调试、运行操作、维护、检修、改造施工和试验的作业。

防爆电气作业是指对各种防爆电气设备进行安装、检修、维护的作业。适用于除煤矿井下以外的防爆电气作业。

12. 电工作业人员应该符合哪些要求?

根据《特种作业人员安全技术培训考核管理规定》，特种作业是指容易发生事故，对操作者本人、他人的安全健康及设备、设施的安全可能造成重大危害的作业。特种作业的范围由特种作业目录规定。特种作业人员，是指直接从事特种作业的从业人员。

电工作业人员属于特种作业人员，指直接从事电工作业的专业人员。电工作业人员必须年满 18 岁，必须具备初中以上文化程度，不得有妨碍从事电工作业的病症和生理缺陷。从技术上考虑，电工作业人员必须具备必要的电气专业知识和电气安全技术知识；按其职务和工作性质，应熟悉有关安全规程；应学会必要的操作技能和触电急救方法；应具备事故预防和应急处理能力。

电工作业人员必须经过安全技术培训，取得电工作业操作资格证书后方可上岗作业。新参加电气工作的人员、实习人员和临时参加劳动的人员，必须经过安全知识教育后，方可参加指定的工作，但不得单独工作。对外单位派来支援的电气工作人员，工作前应介绍现场电气设备接线情况和有关安全措施。

13. 电工作业人员有哪些安全职责?

电工是特殊工种，又是危险工种。第一，其作业过程和工作质量不但关系着其自身的安全，而且关系着他人和周围设施的安全；第二，专业电工工作点分散、工作性质不专一，不便于跟班检查和追踪检查。因此，专业电工必须掌握必要的电气安全技能，必须具备良好的电气安全意识。

专业电工应当不断提高安全意识和安全操作能力，充分理解“安全第一、预防为主”的基本原则，加强“以人为本”的理念，自觉履行安全生产方面的义务。专业电工应努力克服重生产轻安全的错误思想，克服侥幸心理；在作业前和作业过程中，应考虑事故发生的可能性；应遵守各项安全操作规程，不得违章作业；不得蛮干，不得在不熟悉的和自己不能控制的设备或线路上擅自作业；应认真作业，保证工作质量。

就岗位安全职责而言，专业电工应做到以下几点：

（1）严格执行各项安全标准、法规、制度和规程。包括各种电气标准、电气安装规范和验收规范、电气运行管理规程、电气安全操作规程及其他有关规定。

（2）遵守劳动纪律，忠于职责，做好本职工作，认真执行电工岗位安全责任制。

（3）正确佩戴及使用工具和劳动防护用品，安全完成各项生产任务。

（4）努力学习安全规程、电气专业技术和电气安全技术，不断提高安全生产技能；参加各项有关的安全活动；宣传电气安全；参加安全检查，并提出意见和建议等。

专业电工应树立良好的职业道德。除前面提到的忠于职责、遵守纪律、努力学习外，还应注意互相配合，共同完成生产任务。应特别注意杜绝以电谋私、制造电气故障等违法行为。

培训和考核是提高专业电工安全技术水平，使之获得独立操作能力的基本途径。通过培训和考核，最大限度地提高专业电工的技术水平和安全意识。

14. 关于电工的安全技术培训有哪些要求？

《特种作业人员安全技术培训考核管理规定》第五条规定：特种作业人员必须经专门的安全技术培训并考核合格，取得《中华人民共和国特种作业操作证》后，方可上岗作业。

特种作业人员应当接受与其所从事的特种作业相应的安全技术理论培训和实际操作培训。

已经取得职业高中、技工学校及中专以上学历的毕业生从事与其所学专业相应的特种作业，持学历证明经考核发证机关同意，可以免予相关专业的培训。

跨省、自治区、直辖市从业的特种作业人员，可以在户籍所在地或者从业所在地参加培训。

从事特种作业人员安全技术培训的机构，必须按照有关规定取得安全生产培训资质证书后，方可从事特种作业人员的安全技术培训。

培训机构开展特种作业人员的安全技术培训，应当制定相应的培训计划、教学安排，并报有关考核发证机关审查、备案。

培训机构应当按照国家安全生产监督管理总局、国家煤矿安全监察局制定的特种作业人员培训大纲和煤矿特种作业人员培训大纲进行特种作业人员的安全技术培训。

预防触电

15. 电气事故可分为哪几类？

电气事故就是与电能相关联的事故，是由于不同形式的电能失去控制而造成的事故。可分为以下五种类型：

（1）触电事故。触电是指电流流过人体时对人体产生的生理和病理伤害的事故。当电流流过人体，人体直接接受电能时所受的伤害叫电击。当电流转换成其他形式的能量（热能量）作用于人体时，人体将受到不同形式的伤害，这类伤害统称电伤。

（2）雷击事故。雷击是由自然界中正、负电荷形式的能量造成的事故，是一种自然灾害。雷击除了能毁坏建筑设施和设备外，还可能伤及人、畜并引起火灾和爆炸。因此，电力设施和很多建筑物，特别是有火灾和爆炸危险的建筑物，均应有完善的防雷措施。

（3）静电事故。静电事故是由在客观范围内相对静止的正、负电荷形式的能量造成的事故。静电放电会产生静电火花，能引起现场爆炸物和混合物发生爆炸。静电还能给人一定程度的电击。因此，防静电事故是许多生产行业中必须采取的安全措施。

（4）电磁辐射事故。电磁辐射事故是以电磁波形式的能量造成的事故。射频电磁波泛指频率 100 kHz 以上的电磁波。人体在高强度的电磁波长期照射下，将受到不同形式的伤害，如神经衰弱症状和血压不正常、心悸等。电磁波在爆炸危险环境中，还会因感应放电火花而引发重大事故。高频电磁波还可能干扰无线电通信，影响电子装置的正常工作。

（5）电路故障事故。电路故障事故是由于电能在传递、分配和转换过程中失去控制或电气元件损坏造成的事故。电路发生的断线、短路、接地、漏电、误合闸、误掉闸、电气设备损坏等都属于电路故障。电路短路造成的电气火灾和爆炸在火灾和爆炸事故中占有很大的比例。由于电路故障造成大规模的异常停电，除造成重大经济损失外，还可能导致重大人身伤亡。

16. 什么是接触电压和跨步电压?

接触电压是指人体某点触及带电体时，加于人体该点与人体接地点之间的电压。跨步电压是指人进入地面带电的区域内时，加在人的两脚之间的电压。当发觉跨步电压威胁时，应赶快把双脚并在一起，或尽快用一条腿跳着离开危险区，避免发生触电事故。

当接地的设备漏电时，接地电流流入地下后自接地体向四周流散，这个自接地体向四周流散的电流叫作流散电流。人在有流散电流的地上行走时，也可以产生跨步电压。

17. 电流大小对人体的影响有什么不同?

通过人体的电流越大，人体的生理反应越明显、感觉越强烈，引起心室纤维性颤动所需要的时间越短，致命的危险性越大。按照人体所呈现的不同状态，将通过人体的电流划分为三个界限。

（1）感知电流。在一定概率下，通过人体引起人有任何感觉的最小电流，称为感知电流。人对电流最初的感觉是轻微麻感和微弱针刺感。感知电流一般不会对人体构成伤害，但当电流增大时，感觉增强，反应加剧，可能导致坠落等二次事故。

（2）摆脱电流。通过人体的电流超过感知电流时，肌肉收缩增加，刺痛感觉增强，感觉部位扩展。至电流增大到一定程度时，由于中枢神经反射，触电人将因肌肉强烈收缩，发生痉挛而紧抓带电体，不能自行摆脱电极。在一定概率下，人触电后能自行摆脱带电体的最大电流称为摆脱电流。摆脱电流与个体生理特征、电极形状、电极尺寸等因素有关。

摆脱电流是人体可以忍受但一般尚不致造成不良后果的电流。电流超过摆脱电流以后，会感到异常痛苦、恐慌和难以忍受；如时间过长，则可能昏迷、窒息，甚至死亡。应当指出，摆脱电源的能力是随着触电时间的延长而减弱的。因此，一旦不能摆脱电源，后果总是严重的。

（3）室颤电流。通过人体引起心室发生纤维性颤动的最小电流称为室颤电流。

电流致命的原因是比较复杂的。例如，高压触电事故中，可能因为强电弧或很大的电流导致的烧伤使人致命；低压触电事故中，可能因为心室纤维性颤动，也可能因为窒息时间过长使人致命。在电流不超过数百毫安的情况下，电击致命的主要原因是引起心室纤维性颤动造成的。室颤电流除决定于电流持续时间、电流途径、电流种类等电气参数外，还决定于机体组织、心脏功能等个体生理特征。

18. 电流持续时间对人体的危害程度有什么影响？

电流持续时间越长，积累电能越多，引起心室纤维性颤动的电流越小。

心脏搏动周期中，只有相应于心脏收缩与舒张之间 0.1～0.2 s 的 T 波（特别是 T 波的前半部）对电流最敏感。心脏搏动的这一特定时间间隔即心脏易损期。电击持续时间延长，必然重合心脏易损期，电击危险性增大；当电流持续时间在 0.1～0.2 s 以下时，重合易损期的可能性较小，电击的危险性也较小。

电击持续时间延长，人体电阻由于出汗、击穿、电解而下降，如接触电压不变，将导致通过人体的电流进一步增加，电击危险性增大。电击持续时间越长时，中枢神经反射越强烈，电击危险性越大。

室颤电流与电流持续时间有很大关系。当电流持续时间超过心脏跳动周期时，室颤电流约为 50 mA；当电流持续时间短于心脏跳动周期时，室颤电流约为 500 mA。当电流持续时间在 0.1 s 以下时，只有电击发生在心脏易损期，500 mA 以上乃至数安的电流才可能引起心室纤维性颤动；在同样电流下，如果电流持续时间超过心脏跳动周期，可能导致心脏停止跳动。

19. 电流流经人体的途径与危害有哪些关系?

人体在电流的作用下，没有绝对安全的途径。电流通过心脏会引起心室纤维性颤动乃至心脏停止跳动而导致死亡；电流通过中枢神经及有关部位，会引起中枢神经强烈失调而导致死亡；电流通过头部，会使人昏迷，严重损伤大脑，使人死亡；电流通过脊髓会使人截瘫；电流通过人的局部肢体也可能引起中枢神经强烈反射导致严重后果。

心脏是最薄弱的环节。因此，流过心脏的电流越多，且电流路线越短的途径是电击危险性越大的途径。

各种电流途径发生的概率也是不一样的。例如，左手至右手的概率为 40%、右手至双脚的概率为 20%、左手至双脚的概率为 17%等。

20. 不同电流种类对人体危害有哪些不同之处?

频率 100 Hz 以上的交流电流随着频率升高，频率因数明显增大，电击的危险性减小。

直流感知阈值约为 2 mA，300 mA 以下的直流电流，没有确定的摆脱阈值；300 mA 以上的直流电流，将导致不能摆脱或数秒至数分钟以后才能摆脱带电体，并能使人昏迷。电流持续时间超过心脏搏动周期时，直流室颤电流为交流的数倍；电流持续时间 200 ms 以下时，直流室颤电流与交流大致相同。

冲击电流指作用时间 0.1～10 ms 的电流。冲击电流有感知界限、疼痛界限和室颤界限，没有摆脱界限。

一般来说，身体健康、肌肉发达者摆脱电流较大。室颤电流约与心脏质量成正比，体重大者的心脏一般也较大，室颤电流也较大。患有心脏病、中枢神经系统疾病、肺病的人电击后的危险性较大。精神状态和心理因素对电击后果也有影响。女性的感知电流和摆脱电流约为男性的 2/3。儿童遭受电击后的危险性较大。

21. 发生触电的原因有哪些?

发生触电的原因主要有以下几点：

(1) 人们在某种场合没有遵守安全工作规程，直接接触或过分靠近电气设备的带电部分。

(2) 电气设备安装不合乎安装规程的要求，带电体对地距离不够。

（3）人体触及因绝缘损坏而带电的电气设备外壳和与之相连接的金属构架。

（4）过分靠近电气设备的绝缘损坏处或其他带电部分的接地短路处。

（5）不懂电气技术和对其一知半解的人到处乱拉、乱接电线，盲目安装电灯或电器。

22. 触电事故有哪些主要规律？

触电事故时有发生，严重威胁着电工作业人员和广大人民群众的生命安全，发生触电事故不但是有原因的，还有一定的规律可循，主要体现在以下几个方面：

（1）错误操作和违章作业造成的触电事故多。其主要原因是由于安全教育不够、安全制度不严和安全措施不完善，一些人缺乏足够的安全意识。

（2）中、青年工人，非专业电工、合同工和临时工触电事故多。其主要原因是由于这些人是主要操作者，经常接触电气设备；而且，这些人经验不足，比较缺乏用电安全知识，其中有的责任心还不够强，以至触电事故多。

（3）低压设备触电事故多。其主要原因是低压设备远远多于高压设备，与之接触的人比与高压设备接触的人多得多，而且多数是比较缺乏电气安全知识的非电气专业人员。

（4）移动式设备和临时性设备触电事故多。其主要原因是这些设备是在人的紧握之下运行，不但接触电阻小，而且一旦触电就难以摆脱电源；同时，这些设备需要经常移动，工作条件差，设备和电源线都容易发生故障或损坏。

（5）电气连接部位触电事故多。很多触电事故发生在接线端子、缠接接头、压接接头、焊接接头、电缆头、灯座、插头、插座等电气连接部位。主要是由于这些连接部位机械牢固性较差、接触电阻较大、绝缘强度较低，容易出现故障的缘故。

（6）6—9月触电事故多。主要原因是这段时间天气炎热、人体衣单而多汗，触电危险性较大；而且这段时间多雨、潮湿，地面导电性增强、电气设备的绝缘电阻降低，容易构成电流回路；其次，这段时间在大部分农村是农忙季节，农村用电量增加，触电事故增多。

（7）潮湿、高温、混乱、多移动式设备、多金属设备环境中的事故多。例如，冶金、矿业、建筑、机械等行业容易存在这些不安全因素，乃至触电事故较多。

触电事故的规律不是一成不变的，在一定的条件下，触电事故的规律也会发生一定的变化。例如，低压触电事故多于高压触电事故在一般情况下是成立的，但对于专业电气工作人员来说，情况往往是相反的，即高压触电事故多于低压触电事故。

23. 触电事故有哪几种类型？

触电事故的类型按触电时人与电源接触的方式可分为直接接触触电和间接接触触电两种。在直接接触触电中，又分单相触电和两相触电。

（1）单相触电。当人体直接触碰带电设备的其中一相时，将有电流经过人体流入大地或接地体，这种触电称为单相触电。单相触电时，人体承受的电压为相电压。单相触电的危险程度与电网的运行方式有关。一般情况下，电网接地的单相触电比电网不接地的单相触电的危险性大。

（2）两相触电。当人体的两个部位同时碰触电源的两相时，将有电流从电源的一相经过人体流入另一相，这种触电称为两相触电。两相触电时，人体承受的电压为线电压，两相触电比单相触电更容易导致死亡。

（3）漏电触电。电气设备和用电设备在运行时，常因绝缘损坏而使其金属外壳带电，当人们不注意碰上时，将有电流从带电部位经过人体流入大地或接地体，这种触电称为漏电触电。漏电触电时，人体承受的电压由于受漏电部位的接触电阻影响，一般情况下小于或等于电源的相电压。

（4）跨步电压触电。在带电导线断线落地点或故障情况下的接地体周围都存在电场，当人的两脚分别接触该电场内不同的两点时，两脚间将承受电压，这个电压称为跨步电压。在这个电压作用下，将有电流流过人的两腿，这就叫作跨步电压触电。

24. 防止人身触电的基本安全技术措施主要有哪些?

防止人身触电的基本安全技术措施主要有以下几个方面：

（1）保证绝缘良好。所有的电气设备、电气线路都必须有和电压等级相符的良好绝缘，并与使用环境和运行条件相适应。

（2）设置屏护和间距。这是最常用的电气安全措施之一。屏护是采用遮栏、栅栏、护罩、护盖、箱柜等设施把危险的带电体同外界隔离开来。屏护的设置有一定的要求。人体与带电体、带电体之间、带电体与地面和墙壁等都有不同的安全距离规定。

（3）保护接地与保护接零。

（4）采用安全电压。

（5）采用漏电保护装置。

（6）使用电气安全用具与安全标志。

（7）采用电气隔离。采用隔离变压器把触电危险大的低压系统隔离成触电危险小的系统。

（8）其他还有电气联锁、绝缘监察、等电位连接、不导电环境和限制触电电流装置等。

25. 我国的安全电压等级是如何规定的?

安全电压是在一定条件下、一定时间内不危及生命安全的电压。根据欧姆定律，可以把加在人身上的电压限制在某一范围之内，使得在这种电压下，通过人体的电流不超过允许的范围，这一电压就叫作安全电压，也叫安全特低电压。具有安全电压的设备属于Ⅲ类设备。

安全电压限值是在任何情况下，任意两导体之间都不得超过的电压值。我国标准规定工频安全电压有效值的限值为 50 V。这一限值是根据人体电流 30 mA 和人体电阻 1 700 Ω 的条件确定的。我国标准规定直流安全电压的限值为 120 V。

我国规定工频安全电压有效值的额定值有 42 V、36 V、24 V、12 V 和 6 V。凡特别危险环境使用的携带式电动工具应采用 42 V 安全电压；凡有电击危险环境使用的手持照明灯和局部照明灯应采用 36 V 或24 V 安全电压；金属容器内、隧道内、水井内以及周围有大面积接地导体等工作地点狭窄、行动不便的环境应采用 12 V 安全电压；水下作业等特殊场所应采用 6 V 安全电压。当电气设备采用 24 V 以上安全电压时，必须采取直接接触电击的防护措施。

对于安全电压等级的选用需注意以下几点：

（1）在安全电压的额定值中，42 V 和 36 V 可在一般和较干燥环境中使用。

（2）24 V 以下是在较恶劣环境中允许使用的电压等级，如金属容器内、管道内、铁平台上、隧道内、矿井内、潮湿环境等。

（3）我国制定的这个安全电压标准不适用于有带电部分能伸入人体的医疗设备。

26. 常用的电工绝缘材料有哪些？

电工绝缘材料，要求其体积电阻率一般在 108～1 020 Ω/cm^3 之间。云母、陶瓷、玻璃、橡胶、干木材、胶木、塑料、布、纸、沥青漆、聚酯漆、矿物油等都是常用的绝缘材料。

绝缘材料应具有较高的绝缘电阻、机械强度和耐压强度，还应具有良好的耐热性、导热性、耐潮防雷性以及工艺加工方便等特点。

绝缘安全用具由绝缘材料制成，包括绝缘杆、绝缘夹钳、绝缘靴、绝缘手套、绝缘垫和绝缘站台。

27. 绝缘材料有哪些主要的性能指标？

绝缘材料有电性能、机械性能、热性能、化学性能、吸潮性能、抗生物性能等多项性能指标。

（1）电性能。绝缘材料的电性能主要是电阻率和介电常数。作为绝缘结构，主要性能是绝缘电阻、耐压强度、泄漏电流和介质损耗。其中，绝缘电阻相当于漏导电流遇到的电阻，是直流电阻，是判断绝缘质量最基本、最简易的指标。

（2）机械性能。绝缘材料的机械性能指强度、弹性等性能。随着使用时间延长，机械性能将逐渐降低。

（3）热性能。绝缘材料的热性能包括耐热性能、耐弧性能、阻燃性能、软化温度和黏度。绝缘材料的耐热性能用允许工作温度来衡量。

（4）吸潮性能。吸潮性能包括吸水性能和亲水性能。木材属于吸水性材料，而玻璃属于非吸水性材料。玻璃表面能凝结水膜，属于亲水性材料；而蜡和聚四氟乙烯表面不能凝结水膜，属于非亲水性材料。

（5）抗生物性能。抗生物性能是材料抵御霉菌等生物性破坏的能力。

28. 常用绝缘安全用具试验周期是多少？

绝缘手套、绝缘靴（鞋）及高压验电器的试验周期为 6 个月，绝缘杆、绝缘挡板、绝缘夹钳的试验周期为 1～2 年，绝缘垫的试验周期为 2 年，绝缘台的试验周期为 3 年。

29. 绝缘破坏有哪些主要方式？

绝缘材料受到电气、高温、潮湿、机械、化学、生物等因素的作用时均可能遭到破坏，并可归纳为以下三种破坏方式。

（1）绝缘击穿。当施加于绝缘材料上的电场强度高于临界值时，绝缘材料发生破裂或分解，电流急剧增加，完全失去绝缘性能，这种现象就是绝缘击穿。发生击穿时的电压称为击穿电压，击穿时的电场强度简称击穿强度。

（2）绝缘老化。老化是绝缘材料在运行过程中受到热、电、光、氧、机械力、微生物等因素的长期作用，发生一系列不可逆的物理化学变化，导致电气性能和机械性能的劣化。

（3）绝缘损坏。损坏是指绝缘材料受到外界腐蚀性液体、气体、蒸气、潮气、粉尘的污染和侵蚀，以及受到外界热源、机械力、生物因素的作用，失去电气性能或机械性能的现象。

30. 一般电气设备及线路的绝缘电阻值有何要求？

物体的绝缘电阻是其表面电阻和体积电阻的并联值。电气设备和线路带电体对地的直流电阻值是检验电气绝缘程度的重要指标，现场一般用兆欧表测定。

根据规程规定，一般低压设备和线路，其绝缘电阻应不低于0.5 MΩ；照明线路，其绝缘电阻应不低于0.25 MΩ；携带式电气设备，其绝缘电阻应不低于2 MΩ；配电盘的二次侧线路，其绝缘电阻应不低于1 MΩ；在较潮湿等恶劣条件下工作的低压设备和线路，其绝缘电阻应不低于1 MΩ。高压线路和设备，其绝缘电阻一般应不低于1 000 MΩ；架空线路的每个悬式绝缘子，其绝缘电阻应不低于300 MΩ。

31. 如何检测绝缘材料？

绝缘检测包括绝缘实验和外观检查。绝缘实验包括绝缘电阻实验、耐压强度实验、泄漏电流实验和介质损耗实验。现场只进行绝缘电阻实验。

绝缘电阻实验包括绝缘电阻测量和吸收比测量。绝缘电阻和吸收比都用兆欧表测量。吸收比是从开始测量起，第60 s的绝缘电阻与第15 s的绝缘电阻的比值。绝缘材料受潮后，等值电路中的电阻减小，泄漏电流增大，而且充电过程加快，吸收比接近于1；绝缘材料干燥时，泄漏电流小，充电过程慢，吸收比明显增大到1.3以上。

外观检查主要是绝缘机构物理性能的观察和检查。包括是否受潮，表面有无粉尘、纤维或其他污物，有无裂纹或放电痕迹，表面光泽是否减退，有无脆裂，有无破损，弹性是否消失，运行时有无异味等项目。

32. 什么叫双重绝缘?

双重绝缘是强化的绝缘结构，包括双重绝缘和加强绝缘两种类型。双重绝缘指工作绝缘（基本绝缘）和保护绝缘（附加绝缘）。前者是带电体与不可触及的导体之间的绝缘，是保证设备正常工作和防止电击的基本绝缘；后者是不可触及的导体与可触及的导体之间的绝缘，是当工作绝缘损坏后用于防止电击的绝缘。加强绝缘是具有与上述双重绝缘相同绝缘水平的单一绝缘。

具有双重绝缘的电气设备属于Ⅱ类设备。按其外壳特征，Ⅱ类设备分为三种类型：绝缘外壳基本上连成一体的Ⅱ类设备；金属外壳基本上连成一体的Ⅱ类设备；兼有绝缘外壳和金属外壳两种特征的Ⅱ类设备。

应定期测量双重绝缘设备可触及部位与工作时带电部位之间的绝缘电阻是否符合要求；使用前，应检查双重绝缘设备及其电源线是否完好；凡属双重绝缘的设备，不得再行接地或接零。

从安全角度考虑，一般场所使用的手持电动工具应优先选用Ⅱ类设备。在潮湿场所或金属构架上工作应尽量选用Ⅱ类工具或选用安全电压的工具。

33. 如何选择绝缘手套?

（1）应使用检验合格的绝缘手套（每半年检验一次）。

（2）佩戴前对绝缘手套进行气密性检查，即将手套从口部向上卷，稍用力将空气压至手掌及手指部分，检查上述部位是否漏气，如漏气则不能使用。

（3）绝缘手套的伸入部分应有相应的长度，一般至少应超过手腕10 cm，以便拉到外衣的衣袖上。手套应宽大些，以便套在棉、毛手套上。

（4）使用时，注意防止尖锐物体刺破手套。

（5）使用后，注意存放于干燥处，并不得接触油类及腐蚀性药品等。

34. 国家规定的安全色和电气上的颜色标志常用的有哪些?

国家规定的安全色有红、蓝、黄、绿四种颜色。红色表示禁止、停止；蓝色表示指令、必须遵守的规定；黄色表示警告、注意；绿色表示安全状态、通行。为使其醒目，规定其对比色为：红—白、黄—黑、蓝—白、绿—白。黑白作为对比色还用于安全标志的文字、图形符号，白色还可以作为安全标志红、蓝、绿三种颜色的背景色。

电气上用黄、绿、红三种颜色分别代表U、V、W三个相序。红色外壳表示其外壳有电，灰色外壳表示其接地或接零。线路上黑色代表工作零线，明敷的接地扁钢或圆钢涂黑色。黄绿双色绝缘导线代表保护零线。直流电中红色代表正极、蓝色代表负极。信号和警告回路用白色。

35. 屏护装置分几种? 各适用什么地方?

屏护是采用护罩、护盖、栅栏、箱体、遮栏等将带电体同外界隔绝开来。屏护包括屏蔽和障碍。前者能防止无意识触及，也能防止有意识触及或过分接近带电体；后者只能防止无意识触及或过分接近带电体，而不能防止有意识移开或越过该障碍触及或过分接近带电体。

屏护装置把带电体同外界隔离开来，防止人体偶然触及或接近。

一般来说，要采取屏护装置的主要部位有：

（1）电气开关不绝缘的可动部分。

（2）某些人体可能触及或接近的裸露线路。

（3）所有高压电气设备等。

屏护装置分为永久性和临时性两种。永久性屏护常用于变配电设备，室外落地变压器，车间或公共场所的变配电装置。临时性屏护主要用于检修工作中、临时性设备上，或在实验、检测时防止他人误入管理区。

36. 配电装置在间距防触电法中有哪些要求？

间距是将可能触及的带电体置于可能触及的范围之外，其安全作用与屏护的安全作用基本相同。带电体与地面之间、带电体与树木之间、带电体与其他设施和设备之间、带电体与带电体之间均需保持一定的安全距离。安全距离的大小决定于电压高低、设备类型、环境条件和安装方式等因素。架空线路的间距须考虑气温、风力、覆冰及环境条件的影响。

低压配电装置正面通道宽度单列布置时一般不应小于 1.5 m；双列布置时一般不应小于 2 m。低压配电装置背面通道应符合以下要求：

（1）通道宽度一般不应小于 1 m，有困难时可减为 0.8 m。

（2）通道内低于 2.3 m 的无遮栏裸导体与对面墙或设备的距离不应小于 1 m，与对面其他裸导体的距离不应小于 1.5 m。

（3）通道上方裸导体低于 2.3 m 时加遮栏，加遮栏后通道高度不应小于 1.9 m。

高压配电装置宜与低压配电装置分室装设；在同一室内单列布置时，高压开关柜与低压配电盘之间的距离不应小于 2 m。配电装置排列长度超过 6 m 时，盘后应有两个通向本室或其他房间的出口，且其间距离不应超过 15 m。

37. 防止触电事故发生的常用联锁装置有哪些？

在变电所，为防止误入带电间隔，常采用电磁锁控制柜上的门，只有断路器和隔离开关都断开后，辅助触点才能接通电磁锁，然后才能打开门，否则，门打不开。

高压实验室或围栏的门上装设微动按钮，当门关上时接通电源，打开门时断开电源，防止误入。

桥式起重机桥门、舱门都装有微动按钮，只有把门关闭后才能正常工作，门打开后主电源切断。

电容器室的门上也装有微动按钮，当人开门进入室内时，自动切断电源并自动接通放电回路，先行放电，以防电容剩余电荷伤人。

38. 静电有哪些危害？

静电可能产生以下危害：

（1）引起爆炸和火灾。

（2）造成电击伤害。

（3）妨碍生产，降低产品质量。

39. 消除静电危害的方法有哪些？

消除静电危害主要方法有泄漏法、中和法、工艺控制法。其目的是限制静电不超过安全限度。

所谓泄漏法是通过接地、增湿、加入抗静电剂、涂导电材料等方法将静电泄掉。

中和法包括用感应中和器、高压中和器、放射线中和器等消除静电的危害。

工艺控制法就是在设计产品生产工艺时，应选择不易产生静电的材料及设备，控制工艺过程并使之不产生静电或产生的静电不超过危险程度。

40. 什么叫保护接地和保护接零？接地和接零装置的安装有哪些要求？

保护接地就是把故障情况下可能呈现危险对地电压的金属部分同大地紧密地连接在一起。若电气设备装有接地装置，当人体触及带电的外壳时，由于人体电阻远远大于接地电阻，因此，大部分电流流经接地电阻，通过人体的电流仅仅是一小部分。流经接地电阻的电流大小取决于接地电阻的大小。另外，接地电阻的大小决定对地电压的高低。只要把接地电阻限制在适当的范围之内，就能降低对地电压。保护接地适用于高、低压三相三线制中性点不直接接地的电网。在380 V低压供电系统中，电气设备保护接地电阻不大于4 Ω，重复接地电阻不大于10 Ω，变压器中性点接地电阻不大于10 Ω。

保护接零就是把电气设备正常情况下不带电的金属部分与电网的零线连接起来，适用于中性点直接接地的三相四线制或三相五线制的低压电网，即TN系统。当某相带电部分碰上设备外壳时，短路电流通过设备外壳与电网零线构成回路，即相线对零线单相短路。由于零线电阻很小，则短路电流很大，使线路上的保护装置迅速动作从而把故障部分断开电源，消除触电危险。

接地装置包括接地线和接地体。人工接地体宜采用垂直埋设，多岩石地区可采用水平埋设。垂直埋设的接地体通常用直径40 mm以上的钢管或规格 30 mm×30 mm×4 mm 以上的角钢制作，每根一般长 2.5 m 左右，接地极应不少于两根。在土壤电阻率大的场合，接地极数目应相应增加。接地极间距一般为长度的两倍，相互之间由水平接地体连接，水平埋设的接地体可用 25 mm×4 mm 以上扁钢或直径 10 mm 以上的圆钢制作。接地体的埋设深度一般为 800 mm 以上。接地电阻应不大于 4 Ω。接地体和接地线等互相之间的连接可采用焊接或机械螺栓连接。接地线与电气设备连接时必须紧密可靠。有振动的地方须加弹簧垫圈防止松脱，易腐蚀处要采用防腐蚀措施。

在采用接零保护时，零线的截面积应加以核算，以确保电气设备发生漏电事故时，线路中的单相短路电流足以使保护装置动作。在一般情况下，零线截面积约为相线截面积的一半，或用四芯电缆的中线，均可达到要求。零线上不能装设熔断器或开关，以防止将零线回路断开时零线上带有很高的电位而导致触电事故。

41. 保护导体由哪些部分组成？

保护导体包括保护接地线、保护接零线和等电位连接线。保护导体分为人工保护导体和自然保护导体。

交流电气设备应优先利用自然导体作保护导体。例如，建筑物的金属结构（梁、柱等）及设计规定的混凝土结构内部的钢筋、生产用的起重机的轨道、配电装置的外壳、走廊、平台、电梯竖井、起重机与升降机的构架、运输皮带的钢梁、电除尘器的构架等金属结构、配线的钢管、电缆的金属构架及铅、铝包皮（通信电缆除外）等均可用作自然保护导体。在低压系统，还可利用不流经可燃液体或气体的金属管道作保护导体。

人工保护导体可以采用多芯电缆的芯线、与相线同一护套内的绝缘线、固定敷设的绝缘线或裸导体等。

为了保持保护导体导电的连续性，所有保护导体，包括有保护作用的 PEN 线上均不得安装单极开关和熔断器；保护导体应有防机械损伤和化学腐蚀的措施；保护导体的接头应便于检查和测试（封装的除外）；可拆开的接头必须是用工具才能拆开的接头；各设备的保护（支线）不得串联连接，即不得利用设备的外露导电部分作为保护导体的一部分。

42. 漏电保护装置有哪几种类型？

漏电保护装置是指漏电电流超过设定值时，能自动切断电路或发出信号的功能。漏电保护装置主要用于防止间接接触电击和直接接触电击。漏电保护装置也用于防止漏电火灾，以及用于监测一相接地故障。

漏电保护装置种类很多。按照动作原理，分为电压型和电流型两类；按照有无电子元器件，分为电子式和电磁式两类；按照极数，分为二极、三极和四极漏电保护器等。

电压型漏电保护装置以设备上的故障电压为动作信号，电流型漏电保护装置以漏电电流或触电电流为动作信号。动作信号经处理后带动执行元件动作，促使线路迅速分断。

电流型漏电保护一般指零序电流型漏电保护或剩余电流型漏电保护。这种漏电保护装置采用零序电流互感器作为取得触电或漏电电流讯号的检测元件。

电流型漏电保护装置的动作电流可分为 0.006 A、0.01 A、0.015 A、0.03 A、0.05 A、0.075 A、0.1 A、0.2 A、0.3 A、0.5 A、1 A、3 A、5 A、10 A、20 A 共 15 个等级。其中，30 mA 及 30 mA

以下的属高灵敏度，主要用于防止触电事故；30 mA 以上、1 000 mA 及 1 000 mA 以下的属中灵敏度，用于防止触电事故和漏电火灾；1 000 mA 以上的属低灵敏度，用于防止漏电火灾和监视一相接地故障。为了避免误动作，保护装置的额定不动作电流不得低于额定动作电流的 1/2。

43. 对保护接地的接地线有什么安全要求？

（1）接地线的截面积大小应满足接地电流的需要。一般为相线截面积的 1/2，但最小截面积因材质的不同而不同，钢线 12 mm^2，裸铝线 6 mm^2，裸铜线 4 mm^2。

（2）接地线中间不得有接头，且连接牢固。接地极过接地干线一端应焊接，任何一台设备的接地线不得串联。

（3）接地线应装在明处以便检查，防止机械损伤、化学腐蚀。

（4）经常移动的电气设备和手持电动工具可采用插座，按规定接好，仔细检查后方可使用。

（5）接地线应尽量短，以降低接地电阻，减小触电伤害程度。

44. 什么叫重复接地？它的作用是什么？

将零线的一处或多处通过接地装置与大地再次连接，就能够在保护零线失去作用后起一定的保护作用，这就是重复接地。其作用是：

（1）降低漏电设备的对地电压。

（2）减轻零线断线的危险。

（3）缩短故障持续时间。

（4）改善防雷性能。

重复接地是保护接零系统中不可缺少的安全措施。重复接地的设置位置：户外架空线路或电缆的入户处，架空线路每隔 1 km 处，架空线路的转角杆、支杆、终端杆处。

45. 哪些电气设备必须接地？哪些需要进行保护接地？

必须接地的电气设备：

（1）变压器、发电机、静电电容器组的中性点。

（2）电流互感器、电压互感器的二次绕组。

（3）避雷器、保护间隙、避雷针和耦合电容器的底盘。

需要进行保护接地的电气设备：

（1）支持绝缘子、穿墙套管、高压熔断器、高压断路器、隔离开关等的底座。

（2）变压器、发电机、电动机、静电电容的外壳及电力电缆的金属外皮。

（3）配电屏、开关柜、控制屏、配电箱的金属框架。

（4）室内外电气设备的金属构架及钢筋混凝土结构构架的金属部分。

46. 各种电气装置和电力线路的接地电阻值是多少？

由于接地性质和方式不同，要求接地电阻值不等，具体要求如下。

（1）1 kV 以上小接地电流系统，其接地电阻值应不大于 10 Ω。

（2）1 kV 以上大接地电流系统，其接地电阻值应不大于 0.5 Ω。

（3）6～10 kV，高低压共用接地装置的电力变压器的接地电阻值：

1）容量在 100 kVA 以上，其接地电阻值为 4 Ω。

2）容量在 100 kVA 及以下，其接地电阻值为 10 Ω。

（4）低压线路零线每一重复接地装置的接地电阻值：

1）容量在 100 kV 安以上，其接地电阻值为 10 Ω。

2）容量在 100 kV 安及以下，其接地电阻值为 30 Ω（重复接地点不少于三处）。

（5）1 kV 以下中性点不直接接地系统，对接地电阻值的要求与低压线路零线每一重复接地装置的接地电阻值相同。

47. 接地装置的埋设有哪些要求？

接地装置的埋入深度及布置方式应按设计要求施工。一般埋入地中的接地体顶端应距地面 0.5～0.8 m。埋设时，角钢的下端要削尖，钢管的下端要加工成尖或将圆钢打扁垂直打入，扁钢埋入地下要立放。埋设前，先挖一个宽 0.6 m、深 1 m 的地沟，再将接地体打入地下，上端露出沟底 0.1～0.2 m，以便焊接接地线。

埋设前，要检查所有连接部分，必须用电焊或气焊焊接牢固，其接触面积一般不得小于 10 cm^2，不得用锡焊。埋入后，接地体周围要回添新土并夯实，不得填入砖石、焦渣等。为测量接地电阻方便，应在适当位置加装接线卡子，以备测量接地电阻之用。如利用地下水管或建筑物的金属结构做自然接地体时，应保证在任何情况下都有良好接触。

48. 装设电气设备的检修接地线应注意些什么？

检修接地线的安装位置一般是在可能送电至停电的部位（如检修母线），或可能产生感应过电压的部位。一般情况检修母线长度在 10 m 以上时，至少应在母线两端各装设一组接地线。

装设接地线时，必须在验明无电压后方可进行。对带有电容器的设备，装设接地线前，首先应放电，然后再进行作业。作业时应由两个人进行，一人监护，一人操作，并要戴好绝缘手套。先接接地端，后接导电端，拆卸的顺序与此相反。接地与带电部分的距离应符合安全距离的要求。

49. 单相设备保护接零时应注意的主要问题是什么？

单相设备保护接零时应注意以下问题：

（1）凡起保护作用的零线自始至终不得装设开关和熔断器。

（2）每个建筑物进户处的零线最好设重复接地，且接地电阻不大于 10 Ω。

（3）从配电箱开始直至插座，工作零线与保护零线应分开。

50. 推广应用三相五线制（即 TN—S 配电系统），对安全供用电有何意义？

在低压电网采用中性点接地的三相四线制供电方式时，零干线除了保护作用外，有时还要流过零序电流。尤其是在三相用电不平衡的情况下和低压电网的零线过长、阻抗过大时，即使没有大的漏电电流流过，零线也会形成一定电位，造成了零线有电的危险情况。另外，用绝缘导线做零线，其机械强度得不到保障，如果零干线断了，断线以后的单相设备和所有保护接零设备都会产生危险电压。

因此，在三相四线制供电系统中，把零干线的两个作用分开，即一根线用作工作零线（N），另外，用一根线专作保护零线（PE），这就是三相五线制供电方式。这时，对单相用电设备从配电箱开始直至插座，工作零线和保护零线分开，这样的配电方式保证了相线和工作零线在分支线路上可装设熔断器和开关，以满足短路、过载保护的需要。而设备金属外壳和插座中的保护接零插孔则专接保护零线，满足了设备保护接零的要求。这对防止触电和安全运行都起到了很好的作用。三相五线制的应用对象是采用保护接零的低压供电系统。凡是新建或扩建企事业、商业、居民住房、基建施工现场一律要实行三相五线制，现有企业也应逐步将三相四线制改为三相五线制。

51. 三相五线制在施工中有哪些要求？

（1）在用绝缘导线布线时，保护零线应用黄绿双色线，工作零线一般用黑色线。

（2）在电力变压器处，工作零线由变压器中性点瓷套管引出，保护零线由接地体的引出处引出。

（3）重复接地按要求一律接在保护零线上。

（4）对老企业的改造是逐步实行保护零线和工作零线分开的办法。比如：在车间入户时，零干线做重复接地；以后工作零线单独敷设，保护零线由重复接地体引出；使用四极漏电保护断路器，在断路器前实行三相四线制，在断路器后实行三相五线制。

（5）用低压电缆供电的应选用五芯电缆。

（6）保护零线中间不得装设熔断器，也不得经过任何开关。

52. 对 10 kV 变配电所的接地有哪些要求？

下列设备必须接地：配电柜、控制保护盘、金属构架、防雷设备及电缆头、金属遮栏，以及变压器开关设备的互感器（PT、CT）的金属外壳等。

对接地装置有下列要求：

（1）设备角钢基础及支架要用截面积不小于 $25\times4\ mm^2$ 的扁钢相连作接地干线，然后引出户外，与户外接地装置连接。

(2) 接地体应距变配电所墙 3 m，两根接地体以长度 2.5 m、间距 5 m 为宜。

(3) 接地网形式以闭合环路式为好，如接地电阻不能满足要求时，可以附加外引式接地体。

(4) 整个接地网的接地电阻应不大于 4 Ω。

53. 电缆线路的接地有哪些要求?

电缆绝缘损坏时，在电缆的外皮、铠甲及接头盒上都可能带电，因此，应按以下要求接地：

(1) 当电缆在地下敷设时，其两端均应接地。

(2) 低压电缆除在特别危险的场所（潮湿、腐蚀性气体、导电尘埃）需接地外，其他环境可不接地。

(3) 高压电缆在任何情况下都要接地。

(4) 金属外皮电缆的支架可不接地。电缆外皮如是非金属材料如塑料、橡胶等，以及电缆与支架间有绝缘层时，其支架必须接地。

(5) 截面积在 16 mm^2 以上的单芯电缆，为消除涡流，外皮的一端应接地。

(6) 两根单芯电缆平行敷设时，为限制产生过高的感应电压，应在多点接地。

54. 直流设备的接地装置有哪些要求?

由于直流电流流经埋在土壤中的接地体时，接地体周围的土壤要发生电解，从而使接地电阻增加，接地极电位梯度升高。而且由于直流电解作用，对金属侵蚀严重，因此，直流线路上装设接地装置时，应符合以下要求：

（1）直流系统不能利用自然接地体作为零线或重复接地的接地体和接地线，也不能与自然接地体相连。

（2）采用人工接地体时，为避免电解作用的迅速侵蚀，接地体的厚度应不小于 5 mm，并要定期检查侵蚀情况。

（3）对于非经常流过直流电流的系统，其接地的要求与交流相同。

55. 电弧炉的接地和接零有哪些要求？

电弧炉的运行条件比其他用电设备要恶劣得多。操作和检修时，工作人员都要长期与电极及金属工具相接触，为防止发生人身触电事故，应严格采取各种安全措施。其中接地和接零就是主要方法之一。

（1）电弧炉的炉壳要用截面积不小于 16 mm^2 的钢绞线接地。对于可移动的炉壳，接地线长度应能适应其移动范围。

（2）若电弧炉的电气设备及操作、控制用的电动机由中性点不接地系统供电，则所有设备及电动机的外壳均需采用接地保护，接地电阻不得超过 4 Ω。

（3）若电弧炉的电气设备及操作、控制用的电动机由中性点接地系统供电，则所有设备及电动机的外壳均需采用接零保护，且必须将变压器的接地零点与全部电弧炉装置中不带电的金属部分作可靠的电气连接。

（4）为防止手握的钢钎浸在钢液内与电极接触，必须将钢钎与炉壳连接，避免钢钎与电极接触时（短路）危及操作人员的安全。

（5）电弧炉变压器二次绕组一般不直接接地，为防止碰触一相时通过别的环路连及其他两相，还应采取绝缘防护措施。

56. 明敷接地线的施工安装有哪些要求？

（1）接地线敷设前要加以矫直。应按水平或垂直敷设，但不准与建筑物倾斜结构平行。接地线与建筑物墙壁间应有 10～15 mm 的间隙，并应与地面保持 200～250 mm 的距离。带状地线宽面应与敷设面平行。

（2）为防止接地线遭受机械损伤，在接地线与电缆、管道或铁道交叉处，以及其他有可能使接地线遭受损伤处，均应用管子或角钢加以保护。接地线穿墙时，应通过明孔或在钢管及其他保护套管中。

（3）厂房内的接地干线应在不同的两点与地埋干线相连接。

（4）自然接地体至少应在不同两点与地埋干线相连接。

（5）电气装置的每一接地部件应以单独分支线接于接地体或接地干线上，禁止将整个部件串联接地。

（6）保护接零干线的截面积不得小于相线的 1/2。

（7）接地装置与电缆或管道交叉时，其间距不得小于 100 mm；平行时，其间距不得小于 300 mm。

（8）接地装置的支线与电气设备的接地点可采用焊接和螺钉连接。

1）检查时需要移动的用螺钉连接，如变压器、互感器等。

2）不需要移动的可焊接，如构架等。

3）架空线路引下线应用专用线卡子连接。

4）电气设备外壳下部一般设有接地专用螺钉。

57. 车间或厂房的接地体为什么不能在车间或厂房内埋设，而必须在室外距离建筑物 3 m 以外的地方埋设？

由于接地装置按规定要定期测量接地电阻并检查接地体是否良好，必要时，挖开地面进行检修，如果在车间或厂房内各种基础和地下埋设物很多，会对检修工作造成不便。另外，一旦发生接地短路，接地体附近会出现较高的分布电压，危及人身安全。因此，接地体的埋设必须与建筑物离开一定距离，以确保安全。

58. 对触电者怎样进行急救?

发现有人触电，首先要尽快地使触电者脱离电源，然后根据触电者的具体情况，迅速采取有效措施，就地正确抢救。

（1）救护人应沉着、果断，动作迅速、准确，救护得法。

（2）救护人不可直接用手、潮湿的物件或金属物体作为救护工具。救护人最好用一只手操作，以防自己触电。

（3）当触电者在高处时，应采取预防高处坠落措施。

（4）如事故发生在夜间，应迅速解决照明，以利于急救，避免扩大事故。

（5）如果触电者在脱离电源后未失去知觉，仅在触电过程中曾一度昏迷过，应保持安静继续观察，必要时就地治疗。

（6）如果触电者在脱离电源后失去知觉，但心脏跳动和呼吸还存在，应使触电者舒适、安静地平卧，解开衣服，以利于呼吸。气候寒冷应注意保暖，同时应迅速请医生诊治。

（7）如果触电者的呼吸、脉搏、心脏跳动均已停止，必须立即施行人工呼吸或胸外心脏按压法进行救护，并且在就诊途中不得中断人工呼吸或胸外心脏按压。

常用电工仪表、设备使用安全

59. 携带式电工安全用具有哪几种？其功能作用是什么？

（1）基本安全用具。包括高压绝缘棒、绝缘夹钳等，用来直接与带电体接触，具有绝缘和操作的功能。

（2）辅助安全用具。包括绝缘手套、绝缘靴、绝缘垫、绝缘台等，不直接与带电体接触，只加强基本用具的安全功能。

（3）检修安全用具。包括临时接地线、临时遮栏、临时隔板、临时围栏、标志牌、防烧伤用具及登高作业安全用具等，主要功能是制造一个安全的检修空间，防止人员身体受电弧烧伤。

所有安全用具在使用时都必须遵守操作规程，这样才能保证作业的安全。

60. 对手提电钻、砂轮等携带式用电设备的接地和接零有哪些要求？

凡是用软线接到插座电源上的携带式电动工具和生产用电器具以及生活、实验室的携带型电气设备和各类仪表、台灯等均属于携带式用电设备。携带式用电设备的正确接地示意如图 3—1 中的左图所示。

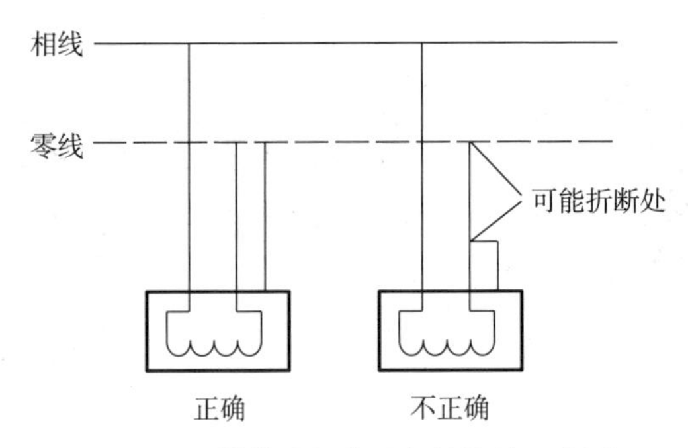

图 3—1　携带式用电设备的接地示意图

其接地和接零有下列要求：

（1）用电设备的插座应有连接接地线的特殊插头，如单相三孔和三相四孔的插座插头。插座和插头的接地触头应在导电的触头接触之前接通，并在导电的触头脱离之后才断开。

（2）金属外壳插座的接地触头和金属外壳应有可靠的电气连接，接地线应用软铜线，其截面积与相线的截面积相同。

（3）接地线采用铜线时，其截面积不得小于 1.5 mm^2，并应注意连接的可靠性，同时避免单根敷设。

61. 照明器具的外壳接零有哪些要求?

照明设备的接地和接零除与动力设备相同之外，还应符合下列要求：

（1）若照明线路工作中性线上装设熔断器，该工作中性线不能作为零线用，如图 3—2 所示。这时必须另设专用零线，并接到熔断器前面的零线上。

（2）若照明线路的工作中性线上未装设熔断器，如图 3—3 所示，该工作中性线可同时作接地线用。

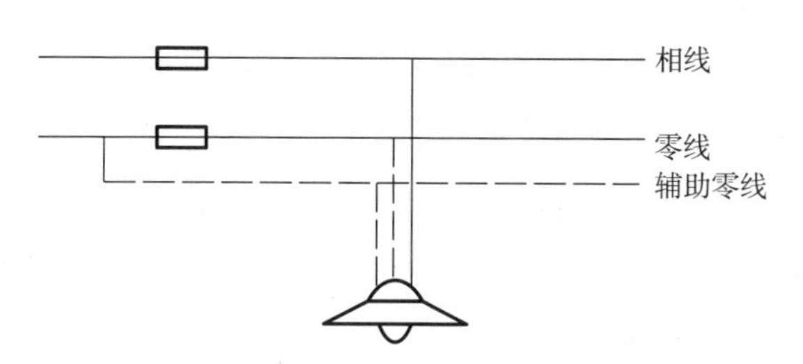

图 3—2　中性线上装设熔断器时金属照明器外壳接零保护

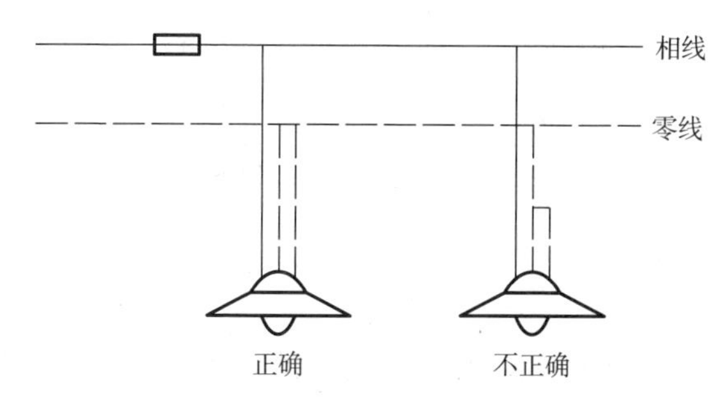

图 3—3　中性线上未装设熔断器时金属照明器外壳接零保护

（3）照明器具的外壳接地方法有两种：一种是与距照明器具最近支架上的工作中性线相连，如图 3—3a 所示，但不能将照明器具的外壳与支接的工作中性线相连，如图 3—3b 所示。并且每个外壳都应以单独的接地支线与中性线相连接，而决不能将几个外壳接地支线串联。另一种是当照明器具的供电线路是在管中而且导线是经过专门线孔穿入照明器的外壳时，可以利用工作中性线作为接地支线。

62. 电工携带式检修仪表主要有哪几种？其主要功能作用是什么？

在电工安全技术中，电气测量仪表起着十分重要的作用。熟练掌握常用电工仪表的使用方法、熟知注意事项，是对每个电气工作人员的基本要求。电工常用的携带式检修仪表主要有兆欧表、万用表、钳形电流表、接地摇表、半导体点式温度计及验电器等。

（1）兆欧表。即绝缘电阻测试仪。

（2）万用表。目前常用的有指针式和数字式两种。其主要功能是测量交流和直流电压、电流、直流电阻。有的还可测量电容、电感、晶体管放大倍数、电平、频率等。

（3）钳形电流表。目前常用的有指针式和数字式两种。其主要功能是在不断开回路的条件下测量交流回路的电流，有的还能测量交流电压。

（4）接地摇表。即接地电阻测试仪。常用的有手摇发电机式和半导体电子式两种。其主要功能是用来测量接地装置的接地电阻或土壤电阻率。

（5）半导体点式温度计。由热敏电阻和数字测量显示装置组成，主要功能是测量开关触点、接线点、电气设备外壳、导线等的表面温度，一般为0～150℃。使用时，如被测物有电，应停电后测量。

（6）验电器。验电器分高、低压两种，主要功能是检查导体是否带电，有电时氖灯发红光。无论何种验电器，使用前必须在有电线路上进行试验，以保证其可靠性。

63. 对电气测量仪表有哪些基本要求？

为保证测量结果的准确、可靠，对仪表有以下几点技术要求：

（1）准确度高，误差小，应符合所属等级准确度规定。

（2）误差不应随时间、温度、湿度和外磁场等外界环境条件的影响而变化，如果要变化，需在规定的范围内变化。

（3）消耗的功率越小越好，否则，在测量小的电功率时，电路工作情况会发生改变而引起误差。

（4）为了保证使用上的安全，仪表应有足够高的绝缘电阻和耐压能力，同时还要有承受短时间过载的能力。

（5）读数装置良好。应直接读出被测量的值，表盘的刻度要尽可能地均匀。

（6）使用维护方便，构造坚固。

64. 电工仪表的准确度分为哪几个等级?

电工仪表的准确度分为 0.1、0.2、0.5、1.0、1.5、2.5、5.0 七个等级，数值越小精确度就越高。如某仪表的精确度等级为 2.5 级，则说明此仪表的最大引用误差为 2.5%。

65. 为什么磁电式仪表只能测量直流电而不能测量交流电?

磁电式仪表只能用来测量直流电的原因是：磁电式仪表的磁场是由永久磁铁产生的，其方向是不变的，所以可动线圈所受到的电磁力作用方向仅取决于线圈中电流的方向。当仪表用来测量直流电时，可动线圈便有直流电通过，由于直流电流方向不变，转动力矩也就不变，指针将按顺时针方向偏转而有指示。反之，如果通入交流电时，由于电流方向不断变化，则转动力矩也随着变化，由于仪表的可动部分具有一定的惯性而来不及变化，所以指针只能在零位左右摆动，不会使指针发生偏转。特别是磁电式仪表反映的是被测量的平均值，而交流分量只会使仪表线圈发热。如果当电流较大或通电时间较长时，很可能使仪表烧毁。所以磁电式仪表不能测量交流电。

如果利用此种仪表测量交流电时，则需加一变换器，这就构成了具有磁电式测量机构而带有换向器的整流系仪表，例如万用表的表头就属于这种仪表。

66. 怎样正确使用万用表？应注意什么？

（1）应将万用表放平且使其不受振动。

（2）使用前看指针是否在机械“0”位，如不在，应调至“0”位。测量电阻时，将转换开关转至电阻挡上，将两测棒短接后旋转欧姆调零器，使指针指零欧。

（3）根据测量对象将“转换开关”转至所需挡位上，例如测量直流电压时，将开关指示箭头对准有“V”符号的部位。其他测量也按上述要求操作。

（4）红色测棒为“+”，黑色测棒为“−”。测棒插入表孔时，一定要严格按颜色和正负插入，尤其在测量直流电压或电流时，应将红色和黑色测棒接被测物的正极和负极，否则，因极性接反会撞坏指针或烧毁仪表。

（5）选用量程时，应使指针移动至满刻度的2/3附近，这样可使读数比较精确。若事先不知道被测量电压的大概数值，应尽量选用大的量程，若指针偏转很小，再逐步使用较小的量程，直到指针移动至满刻度的2/3附近为止。当测量电流时，也按上述要求操作。

（6）测量直流电压前（特别是高压），一定要先了解正负极。如果不知道正负极，要选用高于待测电压几倍的量程，将两测棒快接快离，如指针顺时针偏转，则说明是接对了；反之应交换测棒。

在测量1 000 V以上的电压时，必须用专测高压的绝缘测棒和引线，先将接地测棒接于负极，然后再将另一测棒接在高压测量点。

测量时，注意不要两手拿两只测棒，空闲的手也不准紧握铁架等接地物。测棒、手指和鞋底应保持干燥，必要时，应使用橡皮绝缘手套和绝缘垫。

（7）绝对不能将两测棒直接跨接在电源上，否则，万用表会因通过短路电流而立刻烧毁，这是需要特别注意的。

（8）每当测量后，应将转换开关转到测量高电压位置上，防止开关在电阻挡时两测棒被其他金属短接使表内电池耗尽。

（9）万用表应谨慎使用，不得受振动、受热和受潮等。

67. 为什么不能用万用表的欧姆挡测量绝缘电阻？

绝缘电阻数值较大，例如几十兆欧或几百兆欧，在这个范围内万用表刻度不准确。另外，因为用万用表测电阻时所用的电源电压比较低，在低电压下呈现的绝缘电阻值不能反映在高电压作用下的绝缘电阻的真正数值。因此，绝缘电阻必须用备有高压电源的兆欧表测量。

例如测量电水壶的绝缘电阻，即便使用万用表的最高电压，电源电压也不过为 9～12 V，而电水壶工作电压是 220 V。低电压下其绝缘不导通不等于高电压下不导通。按用电安全规定，应采用500 V 兆欧表来测定，绝缘电阻大于 2 MΩ 才算合格。

68. 为什么万用表的交流低压挡和直流电压挡不能共用一条标尺刻度？

有些万用表的刻度盘上单独有一条交流 10 V 挡标尺刻度。因为万用表的表头为磁电式测量机构，只能测量直流电压（即平均值），因此，在测量交流电压时，需经整流获得平均值，再以其有效值的形式表示出来。参与整流的器件（如二极管）是非线性的（即其等效电阻随流过的电流的变化）。由于高电压挡的分压电阻阻值较大，整流器件非线性对表头分压的影响在允许误差之内，因此，仍可借用直流电压挡的刻度均匀的标尺；而低电压挡的分压电阻阻值很小，与整流器件串联时，表头分压受整流器件阻值变化的影响较大，标尺的起始段不再是均匀刻度了。所以，交流低压挡和直流电压挡不能共用一条标尺刻度，否则，会使交流电压指示不准、误差大。

69. 使用数字万用表时有哪些注意事项?

（1）当使用红、黑测试线时，不要接错。黑测试线连接万用表负的接线柱或测试设备的地线，而红测试线插头则用来连接具体的被测试点。

（2）当同轴电缆或同轴插座与数字万用表连接时，不得采用扭转、弯曲、挤压、拉伸或其他不正确的接线方式，否则，将给测量带来错误的结果或造成断续的测量。

（3）测量时，仪表的输入信号不得过载，否则，仪表首位数字不停闪烁。如果出现此情况，应适当改变量程。

（4）测量高压时，除遵守普通万用表测量高压时应注意的事项外，还应该注意以下问题：

1）如果需要“带电”测量时，不要忘记先连接好地线，然后再用高压探头迅速、准确地接触高压测试点。同时，测量时应尽量避免产生电弧放电，否则，高压探头的触点与高压测试点之间的电弧会使探头损坏，也可能损坏电路元件。

2）当无法估计被测高压的大小时，在使用高压探头前，不要将数字万用表的量程置于最低挡，而应置于最高挡，以防数字表超载过多而损坏。

3）电视机的电源为临界高压电源，不能用高压探头测量，否则，降低图像亮度，甚至会使图像完全消失。

4）高压探头不能测试交流电，只供测试直流电使用。在电视机的高压电源中，高压整流器的输入端含有幅值很大的交流信号，绝不要用高压探头去触及电视机高压整流管帽。正确的测试点是显像管的阳极。

（5）用数字万用表测试电流时，不要选错量程。如果不清楚电流大小，开始时不要放在最小量程，要放在最大量程，然后再根据读数的大小逐渐转换到合适的量程，以防过载。

（6）用数字万用表测量很小电阻时，不得忽略测试线本身的电阻。若测试线很细，将影响结果的准确性。

（7）用数字万用表测试电解电容时，不要把黑表笔接电解电容的正极，而应把红表笔接电解电容的正极，这一点和普通的万用表相反。

70. 使用兆欧表时有哪些注意事项?

兆欧表又称绝缘电阻表，可以测量电气设备或配电线路的绝缘电阻，根据绝缘电阻的阻值判断设备或线路绝缘性能的好坏。

兆欧表使用时应注意：

（1）不得带电测量绝缘电阻。对具有电容性质的电气设备（如电缆、电容器），必须先进行放电后方能测量，测量中禁止他人接近设备。

（2）兆欧表测量引线不能用双股绝缘线或绞线，应用单股多芯绞线分开单独连接，避免因绞线绝缘不良而引起误差。

（3）摇动手柄应由慢渐快，转速保持在 120 r/min 左右，不可忽慢忽快，使指针不停地摆动。摇动时间不能太短，应在 1 min 以上。

（4）被测物体不得有污物，也不可潮湿，应用干净的布或棉纱擦拭干净，以免漏电影响测量的准确度。

（5）在摇测绝缘时，若发现指针指零，就不能再继续摇动手柄，这时被测绝缘物可能发生短路，以防表内线圈发热损坏。

（6）测量具有大电容设备的绝缘电阻，读数后不能立即停止摇动，否则，已被充电的电容器将对兆欧表放电，有可能损坏兆欧表。应在读数后，一边降低手柄转速，一边拆去接地端线头。在兆欧表停止转动和被测设备充分放电以前，不能用手触及被测设备的导电部分。

（7）对于不能全部停电的双回架空线路和母线，在被测回路的感应电压超过 12 V 时或在雷雨发生时，禁止测量架空线路及与其相连接的电气设备，以防造成人身和设备事故。

（8）对于有可能感应出高电压的设备，在这种可能未消除前，不能进行测量。

（9）兆欧表的量限往往达几千兆欧，最小刻度在 1 MΩ 左右，因而不宜测量 100 kΩ 以下的电阻。

（10）兆欧表未经开路试验和短路试验，不能说明其是否良好时，不能进行测量。但对于半导体兆欧表不宜用短路试验校验。

71. 为什么不能用兆欧表测量硅元件的反向电阻而要用万用表测量?

其主要原因是：

（1）大电流硅元件的反向电阻都不高，一般只有几百千欧到几兆欧，而兆欧表的最小量程为几兆欧，用兆欧表的最小量程也无法读出数值。

（2）目前使用的兆欧表电压有 2 500 V、1 000 V、500 V 等，电

压均较高，而有些硅元件的工作电压低。用兆欧表测量时，有可能将硅元件击穿损坏。万用表的直流电压为 9 V，不会将硅元件击穿，也可以读得电阻值。因此，硅元件的反向电阻可用万用表测量。

72. 怎样正确使用接地摇表？应注意些什么？

测量前，首先将两根探测针分别插入地中，接地极 E、电位探测针 P 和电流探测针 C 成一直线并相距 20 m，P 插于 E 和 C 之间。然后用专用导线分别将 E、P、C 接到仪表的相应接线柱上，如图 3—4 所示。

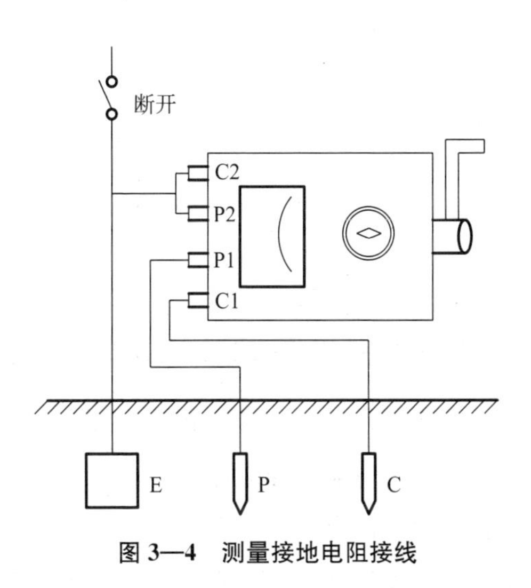

图 3—4　测量接地电阻接线

测量时，先把仪表放到水平位置，检查检流计的指针是否指在中心线上，否则，可借助零位调整器把指针调整到中心线。然后，将仪表的“倍率标度”置于最大倍数，慢慢转动发电机的摇把，同时旋动“测量标度盘”，使检流计指针平衡。当指针接近中心线时，加快发电机摇把的转速，达到 120 r/min 以上，再调整“测量标度盘”，使指针指于中心线上。用“测量标度盘”的读数乘以“倍率标度”的倍数，即为所测的电阻值。

使用接地摇表应注意以下几个问题：

（1）当检流计灵敏度过高时，可将电位探测针 P 插入土中浅一些；当灵敏度不够时，可沿电位探测针 P 和电流探测针 C 注水，使其湿润。

（2）测量时，接地体引线要与设备断开，以便得到准确的测量数据。

73. 怎样使用兆欧表测量电缆的绝缘电阻?

在进行电缆缆芯对缆壳的绝缘测量时，除将被测二端分别接于兆欧表的“接地 E”与“线路 L”两个接线端子外，再将电缆芯壳间内层绝缘物接兆欧表的“保护环 G”端子，以消除表面漏电引起的读数误差。

74. 使用钳形电流表时有哪些注意事项?

钳形电流表是在不断开电路的情况下测量电路电流的仪表。它实际上是一个电流互感器和电流表的组合。

钳形电流表使用时应注意：

（1）钳形电流表不能测高压线路的电流，被测线路的电压不能超过钳形电流表所规定的使用电压，以防绝缘击穿和人身触电。

（2）测量前应估计被测电流的大小，选择适当的量程，不可用小量程挡去测大电流。

（3）每次测量不能钳入多根导线，测量时应将被测导线置于钳口中央部位，以提高测量准确度。

(4) 不能测量裸导线，以防触电和短路。

(5) 测量有绝缘的高压导线时，不能裸手测量，要戴上绝缘手套。

(6) 交流和直流两种钳形电流表不要混用，应区别使用。

(7) 测量结束时量程调节开关不能置于小量程位置上，防止下次不能安全使用。

(8) 钳入导线后不能转换量程，应先退出导线，待转换完毕后再钳入导线。

(9) 磁电整流式钳形表不能用于测量绕线转子异步电动机的转子电流，若测量，应采用电磁式测量机构。

(10) 钳口的结合面不能有污垢，且钳口不要松动，应保持良好的接触，以便准确读数。

(11) 测量 5 A 以下的小电流时，不能直接钳入被测导线，应把导线多绕几圈后再放进钳口。实际电流值为读数除以放进钳口的导线圈数，否则，测量误差大。

75. 为什么单相电能表相线与零线不能颠倒?

单相电能表相线与零线颠倒的接线是一种错误的接线。虽然在一般情况下电能表也能做到正确计量电能，但在特殊情况下，例如用户将自己的电灯、收音机等接到相线和大地接触的设备（如暖气管、自来水管等）之间，则负荷电流可能不流过或很少流过电能表的电流线圈，从而造成电能表的不计或少计电度数。更严重的是，这样做违反常规，增加了不安全因素，容易造成人身触电事故。因此，单相电能表的相线与零线是不能颠倒的。

76. 使用电能表时有哪些注意事项?

电能表用于测量从电源送给负载的电能量。在供电系统中，电能的测量不仅反映负载功率的大小，还能反映电能随时间增长积累的总和。

电能表使用时应注意：

（1）电能表额定电压不能高于或低于负载额定电压。

（2）电能表最大额定电流不能低于负载最大电流。

（3）电能表的准确度分为 0.5、1.0、2.0 和 3.0 四个等级。使用时，在额定电压、标定电流、额定频率和 $\cos\varphi=1$ 的条件下使用 3 000 h 误差不应超过等级误差。

（4）电能表的灵敏度，即负载电流从零增加至铝盘开始转动时的最小电流，应不大于额定电流的 0.5%。

（5）当负载电流为零、电压为电能表额定电压的 80%～110%时，电能表铝盘的潜动不应超过一圈。

（6）电能表的电流线圈无电流时，在额定电压和额定频率的条件下，电流线圈功率应不超过 1.5～3 W。

（7）电能表的接线不能违反“发电机端”守则。不过电压和电流线圈的电源端在接线盒中已经连在一起了。配线应采取进端接电源，出端接负载，电流线圈不应接零线，而应接相线。

（8）电能表是根据电磁感应原理制成的，只能用于交流电路的电能测量而不能用于直流电路的电能测量。

77. 安装电能表时有哪些注意事项？

电能表安装质量对计量准确性有很大影响，因此，必须注意以下几点：

（1）电能表安装处的环境温度不能太高，一般应在 0～40℃之间，距热源不低于 0.5 m。

（2）电能表应安装在不易受振动的墙上或盒子板上，距地面高度不能低于 2 m。

（3）装电能表的环境应不潮湿，灰尘不太多，无强磁场，并尽量设在明显地方，以便于读数和监视。

（4）电能表应垂直安装，允许偏差不得超过 2°。

（5）选择容量合适的电能表与接线方式时，不能忽视线路和负载情况，一般不宜将三相三线制的接线方式和三相四线制的接线方式互相换用。

（6）电流、电压互感器的二次回路负载不应超过额定值。互感器的极性、组别及电能表的倍率应当正确。

（7）电能表和互感器的误差不能超过规定值。

（8）电能表与互感器之间不允许发生接线错误。

（9）电能表的检验、安装、移动、拆除、封印、启封及接线等不能由用户个人自行处理，均由电业部门负责办理。当用电负荷超过电能表规定的许可容量时，用户应办理增容手续。

78. 为什么一般家庭用电能表不宜大于 2.5 A？

为了说明这个问题，首先介绍一下一般电能表的特点：

（1）电能表的启动电流在功率因数为 1 时，为额定电流的 0.5%～1%，所以一只 2.5 A 的表要有 0.012 5～0.025 A 的电流通过才开始转动，在 220 V 的线路上其功率相当于 3～6 W。

电能表虽然是一种精密仪表，但在转动的时候仍不可避免地有些机械阻力存在。在开始转动的时候，由于原动力矩比机械阻力大，所以在这种情况下，电能表的准确性不高。

（2）一只校准了的电能表只能保证在额定电压下，当电流在额定电流的10%～100%的范围之内且功率因数为0.5～1时，它的误差才不超过1%～2%，也就是说一只2.5 A的表只有在负载为30～550 W时，才能够达到计量准确的目的。

而目前一般家庭用电瓦数均不超过这个范围，如果电能表的铭牌电流超过2.5 A时，就达不到计量准确的目的，故不可用。

79. 直流电流表、电压表能否测量交流电？交流电流表、电压表能否测量直流电？

电表种类很多，有的直流表可以测量交流电，有的则不能。例如永磁式只能测量直流电，因为这种电表的线圈通以直流电产生的磁场与永久磁铁的磁场相互作用，产生的转矩使指针偏转。如果用来测量交流电，通过线圈的电流交替地改变方向，交流电流每周的平均值为零，所以结果没有偏转，读数为零。相反，交流电表多系功率计式，因为电流改变方向时，两套线圈的电流方向同时变换，其转矩方向仍是一定的，可用于测量直流电。再加热线式或热偶式电表是以电流发热而有指示的，也可交直流两用，多用于高频率的交流电路。感应式的电表如铁叶式之类，利用一个线圈感应磁极于铁片两者之间产生转矩，也可以交直流两用。

80. 电压表和电流表怎样接线？为什么？

电压表内阻很大，测量时应并联接入电路，如图3—5所示。如错接成串联，则测量电路呈断路状态使设备无法工作，电压表也不能指示。

电流表内阻极小，测量时应串联接入电路中，如图3—6所示。如错接成并联，将造成短路而烧坏电流表。

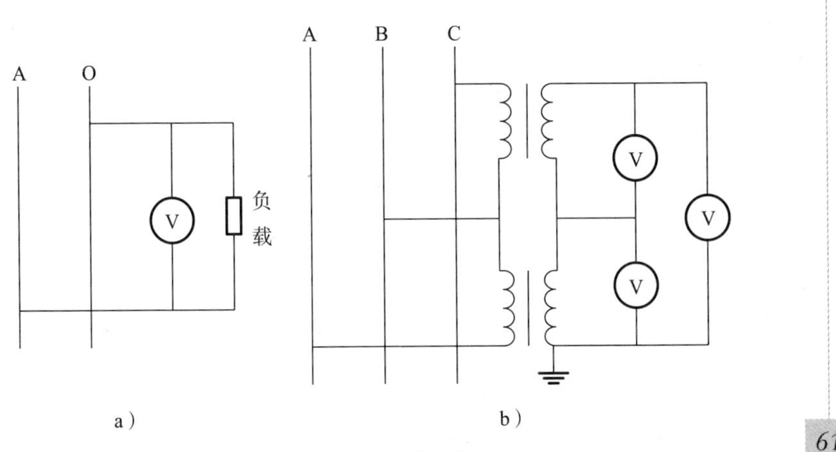

图 3—5　电压表的连接法

a）直接连接　b）经电压互感器接入

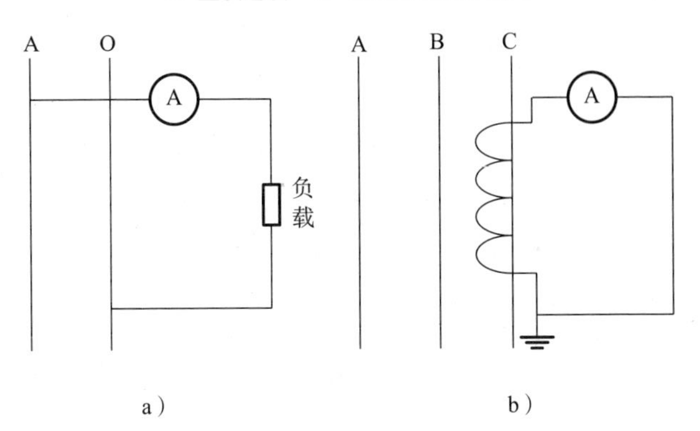

图 3—6　电流表的连接法

a）直接连接　b）经电流互感器接入

81. 使用直流单臂电桥时有哪些注意事项?

直流单臂电桥又称惠斯顿电桥。用电桥测量电阻值是根据电桥平衡原理，将被测电阻与已知标准电阻进行比较来确定被测电阻的阻值。单臂电桥可测量 1～107 Ω 的电阻。用电桥测量电阻值是一种比较精密的测量方法，而电桥本身又是灵敏度和准确度都比较高的测量仪器，如果使用不当，不仅达不到应有的准确度，还会给测量结果带来误差，还有可能损坏电桥。为此，电桥使用时应注意：

（1）使用时，检流计的锁扣不能再锁上，且应先调节调零器使指针位于机械零点。

（2）使用外接电源时，电压不能太高，否则，会损坏桥臂电阻；电压也不能太低，否则，会降低灵敏度。应按规定选择电压，而且电源的正、负极与“＋”“－”端钮不能接错。

（3）“R_x”端钮与被测电阻连接不能采用线夹，应采用较粗短的导线，并将漆膜刮净，接线拧紧。否则，由于接触不良，将使电桥的平衡不稳定，严重时可损坏检流计。

（4）不能盲目选择桥臂比率。应估计被测电阻的大小，选择合适的桥臂比率，使比较臂的四挡都能充分利用。这样容易把电桥调到平衡，并能保证测量结果的有效数字。如被测电阻 R_x 约为几欧时，应选用×0.001 的比率，电桥平衡时若比较臂的读数为 6 435，则被测电阻 $R_x=0.001\times6\,435=6.435\ \Omega$。假如桥臂比率选择在×1 挡，则电桥平衡时读到一位数 6，这样 $R_x=1\times6=6\ \Omega$，读数误差很大，失去了电桥精确测量的意义。同理，被测电阻为几十欧时，比率臂应选×0.01，依此类推。

（5）在测量电感线圈的直流电阻（如电动机或变压器绕组的电阻）时，操作按钮的先后次序不能颠倒。调节平衡时，应先按“电源”按钮，再按“检流计”按钮，后松开“电源”按钮，防止自感电动势损坏检流计。在平衡过程中还要把“检流计”按钮按死，应调节比较臂电阻，调到电桥基本平衡后，再按死“检流计”按钮。

（6）电桥线路接通后，不能随意增大或减小比较臂电阻，应视检流计指针偏转方向而定。当检流计指针向“＋”方向偏转，则需增大比较臂电阻；当检流计指针向“－”方向偏转，则需减小比较臂电阻。

（7）测量小电阻时，应把电源电压降低，电源接通时间不能过长，否则，会导致桥臂过热。应该注意的是，直流电桥不适合测量0.1 Ω以下的电阻。

（8）在以电桥的一个臂做电阻箱使用时，流过该桥臂的电流不能超过该桥臂的最大允许电流。

（9）用电桥测电阻时，被测电阻不能带电，否则会烧坏电桥。对具有电容的设备测量时，应先放电后测量。

（10）电桥不宜使用电压不足的电池，否则将影响电桥的灵敏度。

（11）电桥使用完毕，在切断电源、拆除被测电阻、锁上检流计锁扣之前不能搬动，以防振坏检流计。对于没有锁扣的检流计，应将按钮“G”断开，它的常闭点会自动将检流计短路，从而使可动部分得到保护。

（12）若使用外接检流计做指零仪，其灵敏度不要太高或太低。若灵敏度太高，会使电桥平衡困难，调整费时；若灵敏度太低，又不能达到应有的测量精度。

82. 使用直流双臂电桥时有哪些注意事项？

直流双臂电桥又称凯尔文电桥，它是用来测量1 Ω以下小电阻的常用仪器。直流双臂电桥使用时的注意事项与前述的直流单臂电桥基本相同，所不同的主要有以下几点：

（1）直流双臂电桥的接线端有四个，Cn1和Cx1为外侧电流端，Cn2和Cx2为内侧电流端。被测电阻不能接在外侧，而应接在内侧，即电位接头比电流接头更靠近被测电阻。如果被测电阻本身没有什么接头之分，应自行引出两个接头，而且连接时不能将两个接头绞在一起，因为电流接头有很大的电流，绞在一起会影响电位接头的接触电压降。

（2）直流双臂电桥的面板上，有一只控制检流计灵敏度的旋钮。开始测量时，不能将其放在灵敏度较高的位置上，应从最低的位置开始逐渐提高，从而满足电桥平衡调节过程的测量要求。

（3）双臂电桥工作时电流很大，所以电源容量要大，测量操作速度不能慢，否则，被测电阻容易发热，影响测量的准确度。

（4）双臂电桥的电源容量宜大不宜小，最好采用较大容量的蓄电池，而且不可盲目地通过提高电源电压来提高电桥的灵敏度。

（5）在选用双臂电桥比较臂的标准电阻 R_n 时，不宜偏离被测电阻 R_x，最好在同一个数量级，满足 $0.1R_x < R_n < 10R_x$。

（6）在连接双臂电桥线路跨接导线 r 时，跨接导线 r 只能接在 Cn2 和 Cx2 的位置，而不能接在 Pn2 和 Px2 之间。

（7）跨接导线的电阻不宜大，一般要求 $r/R_x < 0.01$。

（8）双臂电桥的灵敏度远远低于单臂电桥，故双臂电桥不宜测量较大电阻。

83. 使用电子示波器时有哪些注意事项？

示波器是一种用途广泛的电子测量仪器。它能把非常抽象的、肉眼看不见的电过程用图形显示出来，可以用它观察电压、电流波形，测量电压与电流的数值、频率和相位等。因此，它被广泛地应用于电工测试和电气控制装置的调试中。

电子示波器使用时应注意：

（1）使用前应进行检查。面板上的各控制旋钮转动要灵活且不能损坏，熔丝不能缺，供电电源的电压和频率应符合规定，不能超出

220±22 V 的范围。

（2）开启电源后，指示灯即亮，仪器处于准备工作状态。若预热时间未达到 5 min，不宜使用。

（3）调节“辉度”旋钮，使亮度适中。光点不能太亮，以防荧光屏被灼伤。

（4）调节“聚焦”旋钮，使光点成为一个小圆点，且直径不大于 1 mm。调整聚焦时“Y 轴增幅”和“X 轴增幅”两个旋钮不能偏离零位置，以防止杂乱信号的干扰。当光点不成小圆点时，则需要使用“辅助聚焦”配合调节，尽量使“聚焦”旋钮位于中间位置附近，调成圆光点。“辅助聚焦”调整一次后可不必经常调整。

（5）如果顺时针旋转“辉度”旋钮，仍看不到光点，可转动“Y 轴移位”和“X 轴移位”旋钮找到光点，且圆光点不宜偏离荧光屏正中，也不可在一个位置停留太久，以免使荧光屏受损老化。

（6）将被测信号接入“Y 轴输入”和“接地”端钮，应根据被测信号幅度，适当选择“Y 轴衰减”的挡位，不能使被测信号有畸变或不利于观察。当信号幅值电压大于 0.2 V 时，宜采用衰减 3 倍；大于 0.6 V 时，宜采用衰减 10 倍；若信号幅值未知，在使用前不宜将“Y 轴衰减”置于最大，应从最大位置逐步适当调节。

（7）观察一信号波形时，不宜采用外扫描方式。通常将“X 轴衰减”置于“扫描”挡，然后将“扫描范围”置于合适的频率挡。一般扫描频率选择时，不宜使输入信号频率高于扫描频率的 1～12 倍，该倍数也是显示完整波形的个数。波形个数不宜多，越少波形越清晰。

（8）为使波形稳定，扫描信号必须由输入信号整步，为此，“整步选择”开关不能置于“电源”或“外”挡，应置于“内＋”或“内－”，并调节“整步增幅”，适当增大整步电压，同时调节“扫描微调”，使波形稳定下来。

(9) 如需要测试工频交流波形，可将“Y 轴输入”和“试验信号”两个端钮用导线连接起来，试验信号由机内提供，整步信号这时不宜采用“整步选择”中的其他挡位，应使用“电源”挡。

(10) 一般情况下，“扫描扩展”不打开，而置于“校准”位置，只是当欲选取某一单个脉冲作仔细观察时，才将“扫描扩展”顺时针逐渐旋至最大，则荧光屏上被扩展的波形将顺序地自右而左移动，直到要观察的脉冲移至正中为止。

(11) 由于人体可感应 50 Hz 的交流电压，其数量级可能远大于被测信号的电平，所以在工作过程中，不能用手指触及“Y 轴输入”端或探极引出头，以免观测不正确。

(12)“Y 轴选择”的挡位测量时不能选错。用探极引入观察信号时，“Y 轴选择”置于 1 MΩ 挡，若使用其他导线或电缆引入观察信号时，“Y 轴选择”置于 75 Ω 挡，同时要串接隔直流电容，以防止外界信号源的高压直接加于机内的电阻上而使之被烧坏。

(13) 如在测试过程中需要短时停止使用，应将“辉度”旋至最小，“扫描范围”旋至 10～100 挡，使光点不断慢速扫描。不要经常开闭电源开关，防止损坏示波管灯丝。若误将电源开关关断，不应立即开启电源，应稍待 2～3 min。

(14) 示波器在使用过程中，应经常保持干燥和清洁，不能剧烈振动，仪器的周围不应放有产生高热及强电磁场的设备，也不宜堆放其他设备，以免影响空气的对流。

(15) 在使用一定时期后，应清除后盖板上滤尘网的积尘，保证冷却风扇的通风。在不使用时，应套上所附薄膜罩，以减少尘埃的侵入。

（16）示波器不使用时，应放置在干燥通风处，不能受潮，以免内部元件霉坏。长期不使用会导致电解电容失效，因此，示波器不能断电放置太久，要定期（如 1 个月）让其通电工作一段时间（如 2 h）。

（17）长期不工作（超过 1 年）的示波器，由于电解电容的电容量改变、漏电增大，不能直接使用。接入的额定电压会使电解电容击穿，致使整流电子元件损坏。如果需要使用这种示波器，应接入自耦变压器，通以 2/3 额定电压工作 2 h，再升至额定电压工作 2 h，恢复电解电容的容量和绝缘，使示波器能正常工作。

（18）转动各控制器旋钮时，不要用力过猛。

84. 仪表的维护与保管有哪些注意事项？

为使测量仪表保持良好的工作状态，除使用中应正确操作外，还要做好以下几项工作：

（1）根据规定定期进行调整试验。

（2）搬运装卸时要特别小心、轻拿轻放。

（3）要经常注意保持清洁，每次用完用软棉纱擦干净。

（4）不用时应放在干燥的柜内，不能放在太冷、太热或潮湿、污秽的地方。

（5）发生故障时，应送有关单位或者有经验的人进行修理。

（6）电表指针不灵活时，不可硬敲表面，而需进行检修。

第四部分 供配电安全

85. 电力系统主要由哪些部分组成?

电力系统是由发电厂、送电线路、变电站、配电网和电力负荷组成的系统，将生产、输送、消费电力的环节经电力网有机地联结成一个整体。简单的电力系统如图 4—1 所示。

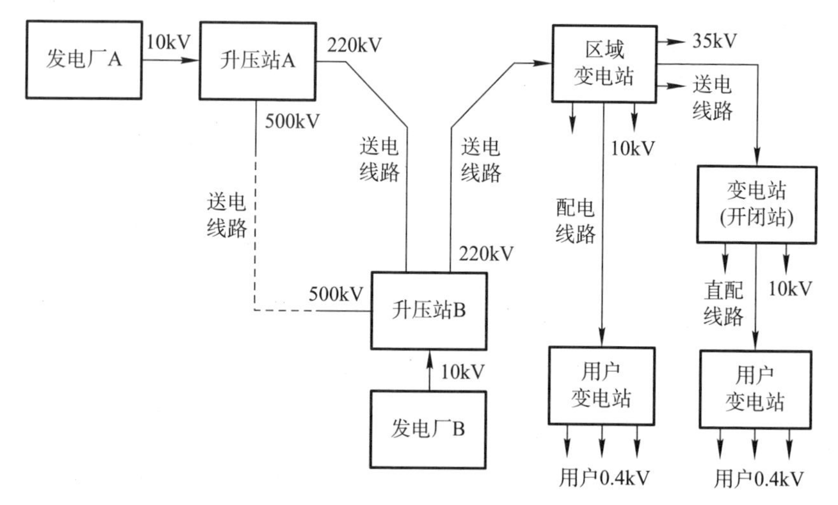

图 4—1 简单的电力系统

发电厂将燃料的热能、水的位能或动能、核能等转换为电能。电力系统至少含有两个以上的发电厂。发电机输出的电压一般需要升压后送往送电线路。

送电线路指电压 35 kV 及 35 kV 以上的电力线路。送电线路是电力系统的主要网络，其作用是将电输送到各个地区的区域变电站和大型企业的用户变电站。送电线路分架空线路和电缆线路。

变电站构成电力系统的中间环节，用以汇集电源、升降电压和分配电力，可分为区域变电站（中心变电站）和用户变电站。

配电网由电压 10 kV 及 10 kV 以下的配电线路和相应电压等级的配电站组成，其作用是将电能分配到各个用户。配电线路也有架空线路与电缆线路之分。

电力负荷包括国民经济各部门用电及人民生活用电的各种负荷。

86. 大型电力系统有哪些主要特点?

目前，电力系统的规模仍然保持扩大的趋势。大型电力系统有以下优点：

（1）不受地方负荷影响，可以增大单台机组的容量，而大容量机组比小容量机组效率高、经济性好。

（2）可以充分利用不同地方的不同资源，减小运输费用，降低电能成本。

（3）利用不同能源电厂的工作特点，合理分配负荷，使系统在经济、合理的状态下运行。

（4）在不降低供电可靠性的条件下，允许减少备用机组或减小备用机组的容量。

电力系统的电压等级是根据国民经济发展的需要，根据经济上的合理性，根据电力设备的制造水平等因素综合确定的。我国工频高压有 6 kV、10 kV、35 kV、110 kV、220 kV、500 kV 等多个等级；低压通用相电压 0.23 kV（用电端 220 V）、线电压 0.4 kV（用电端 380 V）的 0.23/0.4 kV 配电电压。

87. 企业供电负荷分为哪几级?

根据供电可靠性的要求及中断供电在政治上、经济上造成损失的大小或影响程度，用电负荷分为以下三级：

（1）一级负荷。指中断供电将造成人身伤亡，或造成重大经济损失，或影响有重大政治意义、经济意义的用电单位的正常工作的负荷。其中，中断供电将发生中毒、爆炸和火灾等情况的负荷，应视为特别重要的一级负荷。

（2）二级负荷。指中断供电将在政治上、经济上造成较大损失，或中断供电将影响重要用电单位的正常工作的负荷。

（3）三级负荷。指不属于一级、二级负荷的负荷。

一级负荷应由两个电源供电，而且当一个电源发生故障时另一个电源不得同时受到损坏。对于特别重要的一级负荷，除两个电源外，还应增设应急电源。二级负荷宜由双回线路供电。当取得双回线路有困难时，允许由一回专用线路供电。三级负荷对供电无特殊要求。

企业供电系统由高压配电线路、变电站、配电室、低压配电线路等组成。企业供电方式决定于高压受电距离、企业总负荷的大小和负荷的分布、负荷的性质等因素。

88. 对电力用户有哪几种供电方式?

就电压等级而言，电力用户主要有以下四种供电方式：

（1）进线电压 35 kV，经总变电站降低为 10 kV 分送到各车间，再经车间变电站降低为 0.4 kV 送往配电箱或用电设备。这种供电方式适用于大型企业和大中型企业。

（2）进线电压 10 kV，经总配电站分送到各车间，在车间变电站降低为 0.4 kV 送往配电箱或用电设备。这种供电方式适用于中型企业。

（3）进线电压 10 kV，经变电站降低为 0.4 kV 分送到各车间，再经车间配电室送往配电箱或用电设备。这种供电方式适用于中小型企业和小型企业。

（4）进线电压 0.4 kV，经配电室送往配电箱或用电设备。这种供电方式适用于小型企业。这种用户叫作低压用户。

不论是从配电网引进高压电源还是自己备有发电设备的企业，都必须有相应的变、配电装置。完成变电和配电控制的场所叫作变配电站。

企业高压配电有放射式、树干式、环式等三种基本方式：放射式配电是经一条母线分别给大型电动机、电炉变压器、电力变压器送电的配电方式；树干式配电是由一条干线引下若干支线向用电负荷送电的配电方式；环式配电是树干式的一种，正常时也是开环运行，不同之处在于每一干线各自成环。

89. 用户电压太高或太低有哪些主要危害?

用户电压太低的危害主要体现在以下几个方面：

（1）电动机启动困难甚至无法启动。

（2）电动机转速下降，对于恒功率负载，电流增大，发热增加。

（3）用电设备达不到额定功率。

（4）装有欠电压保护的设备停机或不能启动。

（5）灯具发光效率降低，气体放电灯启动困难或无法启动。

（6）无线电设备工作质量下降。

反之，用户电压太高有增加线路和设备发热，缩短其使用寿命等危害。

90. 用电单位如何加强供配电安全管理?

用电单位应健全用电管理机构，确定电气专业负责人；应建立用电管理制度、岗位责任制、安全操作规程、运行管理规程及值班制度、防火制度等制度；应制定事故调查处理条例及应急预案。

加强设备管理，应坚持以维护为主、检修为辅的基本原则，搞好设备的维护保养工作，使设备经常处于良好状态。应保存设备资料，并建立资料管理系统。

除本单位的设备外，运行值班人员对站内安装的属于供电部门的设备也应进行巡视和检查。

多路高压电源可自动投入或可并路倒闸的用电单位，应与供电部门签订调度协议，执行电网调度管理制度。

用电单位未取得供电部门的同意，不得在本单位不能控制的电气设备上装设接地线。

91. 变配电所安全运行的重要性表现在哪些方面?

（1）电力系统由发电厂、输配电线路、变配电所和电力负荷组成。变配电所构成电力系统的中间环节，用以汇集电流、升降电压和分配电力。它是企、事业单位的动力枢纽。变配电所一旦发生事故，必将造成重大损失。

（2）变配电所装有大量高、低压设备且密集度很高，安全问题牵涉方方面面，对建筑设计、设备安装和运行管理等方面都有着特殊的安全要求。

因此，保证变配电所的安全运行是十分重要的，它关系到国民经济的发展和人民生命财产安全。

92. 变配电所值班人员安全规定主要有哪些?

（1）遵守变配电所值班工作制度，坚守岗位，做好安全保卫工作，确保安全运行。

（2）认真学习和执行有关规程、规定，熟悉变配电所的一次、二次接线和设备分布、结构性能、工作原理、操作要求及维护保养方法等。了解变配电所的运行方式、负荷的调整、电压调节和继电保护整定等情况。

（3）负责监护变配电所内各设备的运行情况，按规定抄报各种运行数据，记录运行日记，随时掌握主要回路电流、电压等变化情况，发现设备缺陷或运行不正常时，及时处理或请示上级处理，保证设备正常、经济、安全运行。

（4）按上级调度命令进行操作，发生事故时，要进行紧急处理，并做好有关记录，以备考查。

（5）负责定期巡视检查所管辖的一切设备，及时维修处理不需采用特殊手段或停电才能解决的一般故障，在检查中应认真记录不能及时处理的故障，并报告有关人员。

（6）负责供电事故的处理。了解设备跳闸的原因。遇有紧急事故严重威胁人身和设备安全时，可以不经上级许可，先行拉开有关设备的电源开关，并立即向有关部门报告。当设备发生重大故障后，应进行特殊检查。

（7）负责管理和保养变配电所内所用的安全用具及个体防护用品。负责变配电所内环境及设备的定期清扫。

（8）按规定进行交接班。

93. 变配电所值班人员数量如何规定？

变压器容量为 560 kVA、一次电压为 10 kV 以上的高压变配电所，需两个以上人员值班；一次电压为 60 kV 以上的高压变配电所，需要 3 人以上人员值班；而满足以下条件的变配电所可由 1 人值班：

（1）变压器容量为 320 kVA、一次电压为 10 kV 以下的简易变配电所。

（2）高压变配电所中室内高压设备的隔离应有网状或无孔遮栏。遮栏高度至少为 1.7 m，且安装牢固并加锁。

（3）变配电所的高压设备除符合上述要求以外，高压开关的操作机构应用墙或金属板与该开关隔离。

（4）值班人员应符合有关规程的要求，经验丰富，技术水平高，且至少有三年以上工作经验。

（5）单人值班时不允许单独从事维修工作。

（6）倒闸操作应由 2 人进行。

94. 高压变配电所设立的位置有什么要求？

高压 6～10 kV 变配电所一般都是在室内，也有室内与露天混合式的。位置确定要求如下：

（1）应尽量靠近负荷中心，而且位于电源侧。

（2）便于进线和出线，并且能有足够宽的进出线走廊。

（3）要留有运输变压器和其他设备材料的交通通道。

（4）不妨碍厂矿的扩建发展。

（5）周围环境要清洁，应在上风头，不应在污染地区，并且地势不受水灾威胁。

（6）远离易燃易爆场所。

95. 企业供配电一般采取哪些方式?

不论是从配电网引进高压电源还是自己备有发电设备的企业，都必须有相应的变、配电装置。完成变电和配电控制的场所叫作变配电站。

企业高压配电有放射式、树干式、环式三种基本方式。

放射式配电是经一条母线分别给大型电动机、电炉变压器、电力变压器送电的配电方式。放射式配电的优点是各线路上的故障不影响其他线路，配电可靠性高；各线路继电保护容易整定，便于实现自动化。放射式配电适用于负荷地点分散，但大型负荷集中的企业。

树干式配电是由一条干线引下若干支线向用电负荷送电的配电方式。树干式配电可节省投资、简化线路结构，但由于一条线路的故障可能影响到其他线路，供电可靠性较低。

环式配电是树干式的一种。正常时也是开环运行。不同之处在于每一干线各自成环。其配电可靠性较高。

企业低压配电方式有放射式、树干式、混合式及链式等。

低压放射式配电应用范围如下：

（1）每个设备的负荷不大，且位于变电所的不同方向。

（2）车间内负荷配置较稳定。

（3）单台用电设备的容量虽大，但数量不多。

（4）车间内负荷排列不整齐。

（5）车间为有爆炸危险的厂房。

低压树干式配电的机动性差、可靠性低，纯树干式配电极少采用。

兼有树干式特点和放射式特点的混合式配电又叫变压器—干线式配电。其结构比较简单，配电适应性强，应用比较广泛。

低压链式配电如图 4—2 所示。这种配电方式只用于车间内相互距离近、容量又很小的用电设备。低压链式配电接线简单但可靠性低。在下列情况下不采用低压链式配电：

（1）用电设备数量超过 3 台、总容量超过 10 kW、其中最大一台超过 5 kW。

（2）单相设备与三相设备同时存在。

（3）技术操作与使用差别很大的用电设备（如机床、卫生通风机等）。

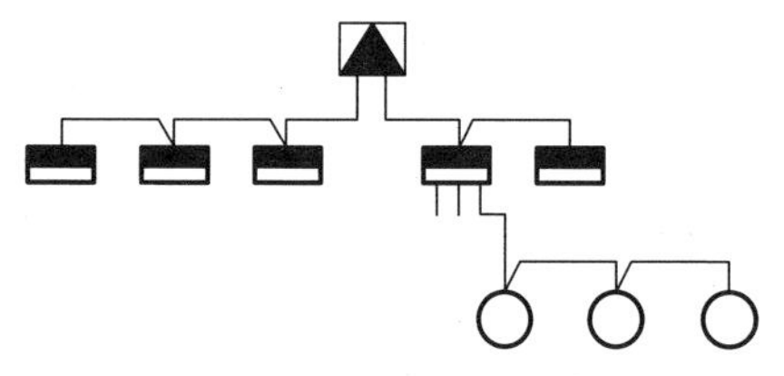

图 4—2　低压链式配电

96. 对高压配电室和配电装置的主要安全有哪些要求?

（1）高压配电室内的安全通道应畅通，各项安全距离应符合表 4—1 的规定。

表 4—1　　　　屋内配电装置的最小安全净距表

净距（mm）　电压（kV） 名称	6	10	35	110
带电部分至接地部分	100	125	300	950
不同相带电部分之间	100	125	300	1 000
带电部分至围栏	850	875	1 050	1 700
带电部分至网状围栏	200	225	400	1 050
无遮栏导体至地（楼）面	2 400	2 400	2 600	3 250
出线套管至屋外通道的路面	4 000	4 000	4 000	5 000
不同时停电检修的无遮栏裸导体至屋外通道的路面	1 900	1 925	2 100	2 750

在配电装置中相邻带电部分的额定电压不同时，应按较高的额定电压确定安全距离。

（2）配电室不能安有水管、暖气管等金属管。

（3）配电室内需充油的电气设备，当其总油量在 60 kg 以上时，应设置储油设施。

（4）配电装置的布置和导体、电器、构架的选择应满足正常运行、短路和过电压的要求，并且不危及人身和设备安全。

（5）绝缘等级应和电力系统额定电压相同，3～10 kV 的屋外重要变、配电所的支持绝缘子和穿墙套管应采用比受电电压高一级电压的产品。

（6）各回路的相序排列应尽量一致，并涂色标明。

（7）间隔内的硬母线及接地线，应留未涂漆的接触面和连接端子，以备装接携带式接地线。

（8）隔离开关和相应的断路器之间，应装设机械或电磁联锁装置，以防误操作。

（9）在污秽地区的屋外高压配电设备及绝缘子等应有防尘、防腐等措施，并应便于清扫。

（10）周围环境温度低于绝缘油、润滑油、仪表和继电器的允许温度时，应采取加热措施。

（11）地震较强烈地区（烈度超过 7 度时）应采取抗振措施，加强基础和配电装置的耐振性能。

（12）导线、悬式绝缘子和金属工具所采用的强度安全系数，在正常运行时应不小于 4.0，在安装、检修时应不小于 2.5。

97. 屋外高压配电装置的最小安全距离是多少？

屋外高压配电装置的最小安全距离见表 4—2。

表 4—2　　屋外高压配电装置的最小安全距离

净距（mm）／电压（kV）／名称	1～10	35	110	220
带电部分至接地部分	200	400	1 000	1 800
不同相带电部分之间	200	400	1 100	2 000
带电部分至围栏	950	1 150	1 750	2 550
带电部分至网状围栏	300	500	1 100	1 900
无遮栏导体至地面	2 700	2 900	3 500	4 300
不同时停电检修的无遮栏裸导体之间水平净距	2 200	2 400	3 000	3 800

其布置应符合下列要求：

（1）电气设备的套管和绝缘子最低绝缘部位距地小于 2.5 m 时，应装设固定围栏。

（2）围栏向下延伸线距地 2.5 m 处与围栏上方带电部分的净距，

应不小于表 4—2 中带电部分至接地部分的距离规定。

（3）设备运输时，其外廊至无遮栏裸导体的净距，应不小于表中带电部分至围栏的规定。

（4）不同时停电检修的无遮栏裸导体之间的垂直交叉净距，应不小于表中带电部分至围栏的规定。

（5）带电部分至建筑物和围墙顶的净距，应不小于表中不同时停电检修的无遮栏裸导体之间水平净距的规定。

（6）使用绞线时，带电部分至接地部分和不同相的带电部分之间最小净距，应按下列条件来校验。

1）外过电压和风偏。

2）内过电压和风偏。

3）最大工作电压、短路和风偏。

（7）带电部分不应有照明、通信和信号线路架空跨越或穿过。

98. 对低压配电室和配电装置的主要安全有哪些要求?

（1）一般情况，低压配电装置应安装在低压配电室内。当高、低压配电装置较少时，也可将高、低压装置布置在同一室内。单列布置时，应在高、低压装置间保留 1 m 以上的安全距离。

（2）低压配电室的净高，采用电缆进线时，不低于 3 m；采用架空线路进线时，不低于 3.5 m，应和变压器室高度综合考虑。

（3）配电柜应安装牢固，各项安装尺寸应符合有关规定；在振动场所应有防振措施。

（4）配电柜的接地应牢固可靠。装有电器的柜门，应以软导线与接地的金属构架可靠地连接。

（5）配电柜隔板应齐全、无破损、安装牢固、盘面油漆完好，回路名称及器件标号齐全。

（6）柜内设备安装应符合国家有关规程的要求。

99. 变配电所为什么要安装继电保护装置？它的任务是什么？

电气设备在运行中，外部的破坏，内部绝缘击穿、断线、过载、短路以及误操作等，都会导致故障或不正常的工作状态。为了保障电气设备安全可靠运行，一旦发生故障能尽快地将故障切除，消除对设备具有危险的不正常状态，必须采用继电保护装置。

继电保护装置是利用各种继电器及其他自动化元件维护系统安全运行的自动化装置。具体有以下任务：

（1）在正常条件下，经电压互感器、电流互感器等元件接入电路，监视设备和线路的运行状态。

（2）在变压器油面下降、温度偏高、负荷过大、气体继电器信号动作以及不接地系统发生单相接地等不正常状态情况下，继电器动作，发出信号，提醒值班人员尽快处理。

（3）当系统中发生短路等故障时，继电保护可靠动作，切除故障，确保其他部分安全运行。

（4）切除故障后，再借助继电保护装置自动启动重合闸，重新接通电源或接入备用电源。

100. 供电系统对继电保护装置有哪些基本要求？

（1）选择性。当供电系统发生故障时，只要求离故障点最近的保护装置动作，切除故障，而其他部分仍能正常运行。

（2）速动性。当系统发生故障时，保护装置应尽快动作，切除故障。

（3）可靠性。保护装置应该动作时，不应拒动；不该动作时，不应误动。

（4）灵敏度。这是表示保护装置对保护区域故障和不正常状态反应能力的特性参数。上下级保护装置之间的灵敏性必须配合。

101. 继电保护和二次回路外部检验的主要内容有哪些?

（1）装置的实际机构是否与设计相符合，有无更改。

（2）主要设备、辅助设备、导线端子采用原材料的质量。

（3）装置盘上的标志是否完整。

（4）整定值位置是否正确。

（5）继电器转动或指示是否正常。

（6）接点有无抖动、磨损。

（7）线圈有无过热现象。

（8）直流母线电压是否正常。

（9）有无异常声响、发热、冒烟和烧焦气味等。

（10）二次回路导线使用是否合理（铜线截面积不小于 1.5 mm^2；铝线截面积不小于 2.5 mm^2）。

（11）回路降压情况：正常情况下，测量仪表应不超过额定电压的 1%～3%；自动装置应不超过 3%；操作回路在正常最大负荷下，母线至各设备应不超过额定电压的 10%。

（12）油浸腐蚀场所采用耐油绝缘导线的状况。

（13）有振动的地方防导线松脱、继电器误动作的措施是否完好。

此外，还应按《继电保护及电网安全自动装置检验规程》（DL/T 955—2006）的规定进行检验。

102. 继电保护装置中常用的继电器有哪几种?

（1）电磁式电流继电器。当被保护设备过电流时，继电器动作而使开关跳闸，切除故障设备。

（2）电磁式电压继电器。作为欠电压或过电压保护。

（3）电磁式中间继电器。在保护装置中，须同时闭合或断开几个回路，或要求比较大的接点容量去控制断路器跳闸线圈时，须用中间继电器才能完成。常用 DZ—10 型中间继电器。

（4）电磁式信号继电器。它通常串接或并接在线路中，当保护装置动作时，发出信号，值班人员就能够分析事故及了解保护装置动作情况。常用 DX—11 型信号继电器。

（5）时间继电器。作为继电保护装置和自动控制装置中的时限元件。常用 DS—100 型时间继电器。

（6）感应式电流继电器。既具有反时限特性的感应系统，又具有电流速断系统。接点容量大，不需要时间继电器和中间继电器，即可构成过电流保护和速断保护。常用 GL 型电流继电器。

（7）气体继电器。主要用于油浸式变压器的保护装置中，作为变压器本体保护，当变压器内部发生故障时，动作发出信号或使开关跳闸。常用 QJ1—80 型气体继电器。

103. 高压油断路器、隔离开关、负荷开关的主要区别及各自的主要用途是什么?

（1）油断路器具有很强的灭弧能力，主要用于切断负荷电流和短路电流。

（2）隔离开关没有灭弧能力，主要用于在没有负荷电流的情况下切断线路和隔断电源，使电路中有明显的断开点，保证检修工作的安全。

（3）负荷开关性能介于油断路器和隔离开关之间，具有一定灭弧能力，用来切断或接通正常线路的工作电流，不能切断事故短路电流。

104. 隔离开关与油断路器配合使用时应如何进行操作?

正常的操作顺序是：拉闸时，先拉油断路器，后拉隔离开关；合闸时，先合隔离开关，后合油断路器。油断路器用于切断负载电流，隔离开关用于切断线路电压，保证检修工作的安全。

105. 高压隔离开关允许进行哪些操作?

隔离开关没有灭弧能力，严禁带负荷拉、合闸。因此，必须在油断路器切断以后，才能拉开隔离开关，同样，它也不许带负荷合闸。在某些线路中，隔离开关也用来进行切换操作。根据规程规定，可以使用隔离开关进行下列操作。

（1）开、合电压互感器和避雷针回路。

（2）电压 35 kV、长度在 5 km 以内的无负荷运行的架空线路。

（3）电压 10 kV、长度在 5 km 以内的无负荷运行的电缆线路。

（4）下列容量的无负荷运行的变压器：

1）电压在 10 kV 以下、容量不超过 320 kVA。

2）电压在 35 kV 以下、容量不超过 1 000 kVA。

（5）倒母线操作。

106. 安装高压跌落熔断器应符合哪些要求?

（1）安装应牢固可靠，向下应有 20°～30°的倾斜角。

（2）熔断管长度应适当，合闸后被“鸭嘴舌头”扣住部分要在2/3以上，以防运行中产生自掉，但熔断管也不能顶住鸭嘴，以防熔丝熔断后，熔断管不能跌落。

（3）重合保险的重合传动杆不宜过高或过低，应与熔断管保持45°角。

（4）使用的熔丝机械强度应不小于15 kg，熔丝额定电流不能大于跌落熔断管的额定电流。

（5）10 kV跌落熔断器间安装距离应不小于600 mm。

107. 车间变配电所变压器如何进行选择?

（1）对于一般生产车间，如装设一台变压器能满足负荷需要，应尽量选用一台。

（2）对于有一级、二级负荷的车间，要求两个电源供电时，应选用两台变压器，每台变压器容量应能承担全部一级、二级负荷的供电。在与邻近车间接有联络线时，若车间变配电所发生故障，某一级、二级负荷可通过联络线保证继续供电，亦可只选用一台变压器。

（3）当车间负荷昼夜变化较大，或独立车间变配电所向几个负荷曲线相差较大的车间供电时，可装设两台变压器，并且采取经济运行方式。

（4）通常车间变配电所的变压器容量是根据车间计算负荷并考虑变压器正常过负荷能力来选择的。随着变压器容量的增大，变压器低压侧发生短路时通过低压开关电器的短路电流值将很大。由于低压开关切断短路电流能力的限制，车间变配电所变压器的单台容量不宜超过1 000 kVA。在车间负荷功率大而且集中的特殊情况下，可选至1 800 kVA。

（5）变压器的类型（包括容量及规格）越少越好，尽可能统一，以便于安装维护及减少备品备件种类。

108. 安装室内变压器应注意哪些安全问题？

室内变压器的安装应注意以下问题：

（1）油浸式电力变压器的安装应略有倾斜。从没有油枕的一边向有油枕的一边应有1%～1.5%的上升坡度，以便油箱内产生的气体能比较顺利地进入气体继电器。

（2）变压器各部件及本体的固定必须牢固。

（3）电气连接必须良好；铝导体与变压器的连接应采用铜铝过渡接头。

（4）变压器的接地一般是其低压绕组中性点、外壳及其阀型避雷器三者共用的接地，并称之为“三位一体”接地。变压器的工作零线应与接地线分开，工作零线不得埋入地下。接地必须良好；接地线上应有可断开的连接点。

（5）变压器防爆管喷口前方不得有可燃物体。

（6）变压器室须是耐火建筑。油浸式电力变压器室的耐火等级应为一级。变压器室的门和通风窗应采用非燃材料或难燃材料制成（木质门应包铁皮），并应向外开启。单台变压器油量超过600 kg时，变压器下方应有储量100%的储油坑，坑内应铺以厚25 cm以上的卵石层，地面应向坑边稍有倾斜。

变压器室位于高层主体建筑物内、变压器室附近堆有易燃物品或通向汽车库、变压器位于建筑物的二层或更高层，或变压器位于地下室或下方有地下室时，变压器室的门应为防火门。变压器室通向配电装置室的门、变压器室之间的门也应为防火门。

（7）居住建筑物内安装的油浸式变压器，单台容量不得超过400 kVA。

（8）为了维护安全，安装时应考虑把油标、温度计、气体继电器、取油放样油阀等放在最方便的地方，通常是在靠近门的一面，而且这一面应留有稍大的间距。变压器宽面推进者低压边应在外侧，窄面推进者油枕端应在外侧。10 kV 变压器壳体距门不应小于 1 m、距墙不应小于 0.8 m（装有操作开关时不应小于 1.2 m）；35 kV 变压器距门不应小于 2 m、距墙不应小于 1.5 m。

（9）变压器室宜采用自然通风，夏季的排风温度不宜高于 45℃，进风和排风的温差不宜大于 15℃。变压器的下方应设有通风道，墙上方或屋顶应有排气孔。注意通风孔和排气孔都应该装设铁丝网以防小动物钻入引起事故。变压器采用自然通风时，变压器室地面应高出室外地面 1.1 m。

（10）变压器二次母线支架的高度不应小于 2.3 m。高压母线两侧应加遮栏。母线的安装应考虑到可能的吊芯检修。一次和二次引线均不得使绝缘套管受力。

（11）变压器室的门应上锁，并在外面悬挂“止步，高压危险！”的警告牌。

109. 安装室外变压器应注意哪些安全问题？

室外变压器的安装有地上安装、台上安装、柱上安装等三种安装方式。变压器容量不超过 315 kVA 者可柱上安装，315 kVA 以上者应地上安装或台上安装。就安全要求而言，室内变压器安装的 1～5 项对于室外变压器也是实用的。室外变压器的安装还应注意以下问题：

（1）室外变压器的一次引线和二次引线均应采用绝缘导线。

（2）柱上变压器应安装平稳、牢固；腰栏应用直径 4 mm 的镀锌铁丝缠绕四圈以上，且铁丝不得有接头、缠绕必须紧密。

（3）柱上变压器底部距地面高度不应小于 2.5 m、裸导体距地面高度不应小于 3.5 m。

（4）变压器台高度一般不应低于 0.5 m、其围栏高度不应低于 1.7 m、变压器壳体距围栏不应小于 1 m、变压器操作面距围栏不应小于 2 m。

（5）变压器室围栏上应有“止步，高压危险！”的明显标志。

110. 变压器运行前应进行哪些检查？

变压器在投入运行前，对变压器进行下列项目检查，有利于变压器的安全可靠运行。

（1）检查试验合格证。若此试验合格证签发日期已过 3 个月，应重新测试绝缘电阻，其阻值应大于允许值，且不小于原试验值的 70%。

（2）套管完整，无损坏、裂纹现象，外壳无漏油、渗油情况。

（3）高、低压引线完整可靠。

（4）引线与外壳电杆的距离符合要求，油位正常。

（5）一次、二次熔丝符合要求。

（6）防雷保护齐全，接地电阻合格。

111. 运行中的变压器测试有哪些？

为保证变压器的运行安全，应经常对变压器的温度、负载、电压及绝缘状况进行测试，其方法和内容如下：

（1）温度测试。正常运行时，上层油面温度一般不得超过 85℃

（温升 55℃）。

（2）负载测定。为了提高变压器的利用率，减少电能损失，在变压器运行过程中，根据每一季节最大用电时间，对变压器进行实际负载测定，一般负载电流应为变压器额定电流的 75%～90%。

（3）电压测定。电压的变动范围应在额定电压的±5%以内。

（4）绝缘电阻测定。变压器绝缘电阻一般不作规定，相同温度下，不低于前次测量结果的 70%。测量时，应根据电压等级不同，选取不同电压等级的兆欧表，并应停电进行测定。

（5）每 1～2 年还应做一次预防性试验。

112. 运行中的变压器发现哪些情况时应立即停止运行?

发现变压器有下列情况之一时，应立即停止运行：

（1）声响很大且不均匀，有严重的放电声或撞击声。

（2）冷却条件正常而变压器温度不正常，且温度不断上升。

（3）储油柜或防爆管喷油。

（4）漏油致使油面低至油位计所示的下限。

（5）油色变化过大，油内发现水分和炭质等。

（6）套管有破损、裂纹和放电现象。

113. 变压器是否允许长时间在轻载或低负载下运行?

变压器是一种改变交流电压的电气设备，在变压过程中会产生铜耗和铁耗，致使输出功率小于输入功率。变压器的铁耗与电源频率、铁芯中磁通密度及铁芯材料和性质有关。在变压器结构确定后，如果接入一定电压和频率的电网中，则变压器的铁耗就为一个常数。铁芯结构、电网的电压和频率不随变压器负载的变化而变化，因此，铁芯损耗也不随负载变化而变化，故称为不变损耗。由此可见，无论变压器是空载运行还是额定运行，其铁耗为常数，所以在变压器空载或低负荷运行时，运行效率很低。另一方面，因为磁通密度不变，建立磁场所需要的励磁电流也不会随负载而变化，所以空载或轻载时变压器的功率因数很低。

由于变压器在空载和轻载时的效率和功率因数都较低，因此，变压器不可长时间空载或低负荷及带较小的负荷运行，否则，应选用容量较小的变压器。

114. 变压器能长期过载运行吗？

在变压器运行中，运行电流超过了变压器的额定电流就是处于过载运行。在一般情况下，长期过载运行是不允许的。变压器过载运行会使温度增高，加速绝缘老化，降低使用寿命。

实际运行中，大部分变压器的负载都不是始终不变的常数，每个昼夜、每个季节负载都在变动。在负载较小时，变压器运行温升较低，绝缘老化较慢，因此，允许在部分时间内过载运行是不会影响变压器使用寿命的。从另一角度说，因温度上升的时间常数较大，短时间过载运行，不致使温度超过绝缘的极限值。在不影响变压器使用寿命的前提下，变压器可以在短时间内过载运行。其允许过载的幅度要根据变压器的负载曲线、周围冷却介质的温度以及过负载前变压器已经带了多少负载来确定。

在事故情况下，首先考虑的是不间断供电，绝缘老化的加速则处于次要地位，又考虑到事故不是经常发生的，所以一般变压器均允许有较大的事故过负载能力，见表4—3。

表 4—3　　变压器允许的事故过载时间

额定负载的倍数	过载允许时间	
	室外变压器	室内变压器
1.3	2 h	1 h
1.6	30 min	15 min
1.75	15 min	8 min
2.0	7.5 min	4 min

115. 为什么变压器不允许突然短路?

变压器在运行中二次侧突然短路，属于事故短路，也称为突发短路。其原因多种多样，例如对地短路、相间短路等。但是，不管哪种原因造成的短路对运行中的变压器都是非常有害的，二次侧短路直接危及变压器的寿命和安全运行。

特别是变压器一次侧接在容量较大的电网上时，如果保护设备尚未切断电源，一次侧仍能继续送电，在这种情况下，如不立即排除故障或切断电源，变压器将很快被烧毁。这是因为当变压器二次侧短路时，将产生一个高于额定电流 20～30 倍的短路电流，依据磁动势平衡关系，一次侧电流也将达到其额定电流 20～30 倍。这样两个电流流过变压器的一次、二次绕组，一方面产生一个很大的电磁力作用在绕组上，使变压器绕组发生严重畸变或崩裂而损坏；另一方面也会产生高出允许温升几倍的温度，致使变压器在很短的时间内烧毁。因此，电力变压器应采取相应的保护措施，一旦出现短路事故，保护装置立即动作，切断电源，确保变压器的安全。

116. 选择变压器油有哪些注意事项?

常用绝缘油代号有 DB－10、DB－25、DB－45，这些均适用于变压器及油断路器，起到绝缘和散热作用。

（1）变压器油的绝缘能力不宜低，绝缘能力应越高越好。新油的击穿电压试验标准如下：15 kV 以下的电气设备应在25 kV 以上，20～35 kV 的电气设备应在 35 kV 以上。运行中的油的击穿电压试验标准如下：15 kV 及以下的电气设备应在 20 kV 以上，20～35 kV 以上的电气设备应在 30 kV 以上。

（2）所选变压器油的黏度宜低不宜高。黏度高不利于对流和散热。

（3）所选变压器油的凝固点不宜高。使用时，其凝固点越低越好。

（4）闪点选择宜高不宜低。闪点规定不得低于 135℃，闪点越低，挥发性越大，品质越不好。

（5）密度宜小不宜大。油密度越小，油的杂质和水分越容易沉淀。

（6）灰尘和酸、碱、硫杂质含量宜低不宜高。杂质对电气设备的线圈、绝缘物、导线和油箱等都有腐蚀作用，所以含量越低越好。灰尘不能超过万分之一。绝不能有水分、游离碳、活性硫、溶于水中的酸碱和机械混合物等。

（7）酸价宜低不宜高。酸价表示油的氧化程度，所以酸价越低越好。

（8）安定性宜高不宜低。安定性（亦称安定度）是指绝缘油抗拒老化、保持其原有各种性质的能力。安定性越高，抗老化能力越强。安定性通常以人工氧化后油的酸价和沉淀物含量来表示，这两个指标越低表示油的安定性越高。

（9）绝缘油是矿物油，由于各型号油的成分不同，若将不同型号的绝缘油混合在一起，对油的安定性有影响，会加快油质的劣化，因此，一般情况下不宜将不同型号的油混合使用。即便是同一种型号的绝缘油，新油和旧油也不宜混合使用。若在不得不混合使用时，则应经过混合油实验——化学、物理实验证明可以混合，再混合使用。

117. 运行电压增高对变压器有何影响?

当变压器运行电压低于额定电压时，一般不会对变压器有任何不良影响，当然也不能太低，这主要是由于用户的正常生产对电压质量有一定的要求。

当变压器运行电压高于额定电压时，铁芯的饱和程度将随着电压的增高而相应增大，致使电压和磁通的波形发生严重的畸变，空载电流也相应增大。铁芯饱和后，电压谐波中的高次谐波也大大地增加，高次谐波的害处包括以下几个方面：

（1）引起用户电流波形的畸变，增加电动机和线路上的附加损耗。

（2）可能在系统中造成谐波共振现象，并导致过电压，使绝缘损坏。

（3）线路中的高次谐波会影响电信线路，干扰电信设备的正常工作。

由此可见，不论电压分接头在哪个位置，变压器外加一次电压一般不得超过额定电压的105%。所以，运行电压增高对变压器是不利的。

118. 运行中的变压器内部异响应如何处理?

变压器可以根据运行的声音来判断运行情况。将木棒的一端放在变压器的油箱上，另一端则放在耳边仔细听声音。

变压器内部发出异常声响时应判断原因，再区别处理。如发出沉重的“嗡嗡”声，可判断为严重的过负荷，或有短路电流流过变压器绕组，或一次电压过高，或一次电压不平衡；如发出“吱吱”或“噼啪”的放电声，可判断为接触不良或绝缘击穿；如发出“营营”类的响声，可判断为紧固件松动或铁芯松动；如发出“呱呱”声，可判断为大型设备启动或有较大谐波电流的设备启动及运行；如发出强烈的放电声，可判断为铁芯接地线断开导致铁芯对外壳放电或绕组、引线对外壳过电压击穿放电；如发出忽粗忽细的异常声响，可判断为发生电磁谐振等。

如系变压器内部故障，应停电处理。

119. 怎样判断变压器的温度变化是否正常？在长时间高温情况下运行对变压器有何危害？

变压器在运行中铁芯和绕组中的损耗转化为热量，引起各部位温度升高。热量向周围以辐射、传导等方式扩散出去。当发热与散热达到平衡状态时，各部分的温度趋于稳定。巡视检查变压器时，应记录外温、上层油温、负荷以及油面高度，并与以前数值对照分析判断变压器是否运行正常。

若发现在同样条件下，油温比平时高出 10℃以上或负荷不变、冷却装置运行正常，但温度不断上升时，则认为变压器出现内部故障（应注意温度表有无失灵）。一般变压器的绝缘材料是 A 级绝缘，其各部分温升的极限值见表 4—4。

我国变压器的温升标准均以环境 40℃为准，故变压器上层油温不得超过 40℃＋55℃＝95℃。温度过高会造成绝缘老化严重、绝缘油劣化快，影响变压器使用寿命。

表 4—4　　　　A 级绝缘变压器各部分温升极限值

<table>
<tr><th>变压器各部分</th><th>温升极限值（℃）</th><th>测量方法</th></tr>
<tr><td>绕组</td><td>65</td><td>电阻法</td></tr>
<tr><td>铁芯</td><td>70</td><td rowspan="2">温度计法</td></tr>
<tr><td>油（顶部）</td><td>55</td></tr>
</table>

120. 变压器运行中遇到异常现象如何处理?

（1）变压器高压侧熔丝熔断或跳闸。首先判断熔丝熔断一相、二相还是三相，这一点可由故障现象来判断，见表 4—5。

表 4—5　　　　熔丝熔断情况的判断

<table>
<tr><th>熔丝熔断情况</th><th>变压器结构</th><th>故障现象</th></tr>
<tr><td>低压熔丝熔断</td><td>各种接线</td><td>用户断电</td></tr>
<tr><td>高压一相熔丝熔断</td><td>单相变压器
三相变压器△/Y 接线

三相变压器 Y/Y 接线</td><td>全部用户断电
低压侧二相电压降低一半，一相断电
低压一相断电</td></tr>
<tr><td>高压二相熔丝熔断</td><td>各种接线</td><td>全部断电</td></tr>
</table>

根据事故现象查出原因，检修处理后，再投入运行。

当配电变压器熔丝熔断时，首先应检查一次熔丝和防雷间隙是否有短路接地现象，当外部检查无异常时，则是由于变压器内部故障所引起，应该仔细检查变压器油是否有冒烟外溢现象，变压器温度是否正常。

用兆欧表检查一次、二次绕组之间，一次、二次绕组对地的绝缘情况。有时由于变压器内部线圈匝间或层间短路引起一次熔丝熔断，如用兆欧表检查变压器绝缘是好的，这时应该用电桥测量线圈直流电阻，用此法进行判断。必须查清故障并排除后方可恢复运行。

（2）瓦斯保护动作。电压 35 kV、容量 1 000 kVA 及以上的变压器一般都有瓦斯保护，主要用来保护变压器内部故障。气体继电器的动作根据故障性质可分两类。

1）轻瓦斯动作：

①因滤油、加油或冷却系统不严密以致空气进入变压器。

②因温度下降或漏油，使油面缓慢降落。

③由于发生穿越性短路而引起的。

④因变压器故障而产生少量气体。

2）重瓦斯动作：

①变压器发生严重故障，油温剧烈上升的同时分解出大量气体，使变压器油很快地流向储油柜。

②当发生穿越性短路时，浮子继电器的下浮筒、挡板、水银接点和二次接线发生故障。

由此可见，气体继电器动作并不完全意味着变压器内部的故障。为了弄清究竟，需先对变压器进行外部检查，查不出异常现象时，再由继电器内聚集的气体多少、颜色及化学成分来鉴别。根据气体的多少可以估计变压器故障的大小。气体无色无味是空气，动作是由变压器内排出来的空气引起的。如气体不可燃，则动作是由内部故障引起的。鉴别气体时必须迅速，否则时间一长，颜色就会消失。如气体是可燃的，则无论有无备用变压器，也必须停下来检查原因。如果根据气体仍查不清原因，可进行变压器油的简单试验，如闪光点比过去记录低 5℃以上时，则证明变压器内部有故障，必须修理。

（3）过负荷。由于变压器过负荷会严重影响使用寿命，所以变压器不允许随意过负荷。在事故时变压器过负荷程度和延续时间均有限制。油温过高证明变压器内有故障，应酌情停电进行检查。

（4）三相电压不平衡。如果三相电压不平衡，应先检查三相负荷情况。对△/Y 接线的三相变压器，如果三相电压不平衡，电压超过5 V 以上则可能是变压器有匝间短路，须停电进行修理。对 Y/Y 接线的三相变压器，在轻负荷的情况下允许对地电压相差 10%，在重负荷的情况下要力求三相电压平衡。

121. 如何处理变压器油故障?

变压器油位过高将造成溢油；油面过低将造成气体继电器动作及其他危害。随着油温的变化，油位应在允许的范围内变化。如油位固定不变或与油温变化的规律不相符合，可判定为假油面。假油面是由于油标管堵塞、呼吸器堵塞或其他排气孔堵塞造成的。

处理假油面故障前，应将气体继电器跳闸回路解除。如油位过高，可适量放油；如油位过低，可适量补充油。如油位过低是由于大量漏油造成的，应停电修理。

发现变压器油油质变坏（油色加深或变黑、油内含有炭粒等）应停电处理。否则，一旦内部击穿放电，将造成严重事故。变质的油须过滤、再生后方可重新使用。

变压器油温突然升高可能是由于内部故障或严重过负荷造成的。如果是内部故障，应停电检查、修理；如果是过负荷，可适当减轻负荷。

122. 变压器喷油或着火应如何处理?

变压器喷油表明变压器内部有十分严重的故障，表明内部发生了强烈的放电。为了防止事故扩大，必须立即切断变压器的电源。变压器内部短路、外部短路、严重过负荷、遭受雷击以及外部火源移近均可能导致着火。变压器着火可能引起变压器爆裂，导致燃着的油喷流，甚至可能酿成空间爆炸。发现变压器着火，必须立即切断电源，并采取紧急灭火措施。

123. 变压器的三种保护如何进行整定？

变压器的电流速断、过电流、过负荷三种保护的作用各不相同，因而其整定依据也不同。

电流速断保护是作为变压器的主要保护。由于它是瞬时动作的，为保证选择性，其动作电流是按照被保护设备或线路末端可能出现的最大短路电流或变压器二次侧发生三相短路电流来整定的。这样整定的结果必然使电流速断不能保护变压器的全部，而存在有不保护区（死区）。因而电流速断保护不能单独使用，而需要过电流保护与之配合以保护变压器的全部。

过电流保护也是保护短路故障的，它的动作电流按躲过被保护设备或线路中可能出现的最大负荷电流来整定，如大电动机启动电流（短时）和穿越性短路电流之类的非故障性电流，以确保设备和线路的正常运行。因此，它既可以作为电流速断的后备保护以保护变压器的全部，又可作为下一级保护的后备保护。

过负荷保护不是变压器的短路保护装置，而是变压器过负荷的信号装置。它的动作电流按躲过变压器额定一次电流来整定，动作时限一般取 10～15 s。只有当变压器在改变运行方式中确有过负荷可能时才装设，否则可以省掉。

124. 对于油浸式电力变压器内部故障应采用何种保护措施？

降压变、配电所的变压器一般装设过电流保护。如果过电流保护的动作时限为 0.5 s 时，还需要增设电流速断保护。由于保护装置装设在电源侧，可以作为变压器内部故障的后备保护。

瓦斯保护是电力变压器油箱内部故障的一种基本保护装置。当变压器发生油箱内部故障时，短路电流和电弧的作用使绝缘材料和绝缘油受高热分解，产生大量气体，引起油面和电流的变化，使装设在变压器油箱和储油柜管道上的气体继电器动作，实现瓦斯保护。装设瓦斯保护的变压器要求将装瓦斯保护侧抬高 1.5%～2%。瓦斯保护的主要优点是动作迅速、灵敏度高、结构简单、可靠性高、安装容易以及能够反映变压器油箱内的各种故障，其缺点是不能反映油箱外部套管和引出线的故障。因此，瓦斯保护不能作为变压器的唯一保护装置，还需要与其他保护装置相配合。

125. 在不经常操作的终端变配电所中，变压器能否采用熔断器保护？

一般车间配电用 6～10 kV/0.4～0.23 kV 的变压器不仅只采用过电流、过负荷、电流速断等保护，也可适当采用熔断器来保护。对 35～110 kV/6～10 kV 的变压器亦可视具体情况考虑采用高压熔断器保护，以简化变配电所的结构和节约投资。如 RW5 型（110 kV、60 kV、35 kV）、RW6 型（110 kV、60 kV）是两种新型的跌落式熔断器，具有性能好、结构简单、重量轻、用铜少、成本低等特点，特别是具有相当高的断流容量，RW5－35 型能够开断 5 600 kVA 及以下变压器的空载电流。在某些情况下采用它不仅可以代替昂贵的断路器，还可大大简化继电保护装置。因此，在某些不经常操作的终端变配电所中，只要所采用的熔断器能保证动作的选择性和灵敏度，而且又有足够的遮断容量时，是可以考虑采用的。

采用 RW5－35 型跌落式熔断器熔丝的额定断流选择见表 4—6。

表 4—6　RW5－35 型跌落式熔断器熔丝的额定断流选择表

高压的容量（kVA）	100	180	320	560	750	1 000	1 800	2 400	3 200	4 200	5 600
35 kV 侧额定电流（A）	1.65	2.98	5.27	9.25	12.3	16.5	29.8	39.5	52.7	69.3	92.4
熔断电流（A）	3	5	10	15	20	30	50	75	100	100	150

126. 安装并联电力电容器应注意什么？

一般车间变电所低压母线上多设并联电力电容器，做集中补偿无功功率之用。如果有高压负荷，往往还需要进行高压侧无功功率补偿。当前多采用成套监视器柜代替过去焊监视器铁架的办法，使安装工作更加灵活方便。

少量的电容器柜可以与配电室和开关柜一起安装。但补偿容量较大时，则应单设电容器室，以便于通风和维护。并联电力电容器，应装设放电装置（高压电容器多用电压互感器放电，低压电容器可用电阻放电），高次谐波稍多时系统还要考虑串接适当电抗器，以防止电容器过热损坏。

电力电容器的安全净距、通道尺寸和建筑要求，与同电压等级的配电室相同，只对通风条件要求稍高。

127. 用熔断器保护电力电容器，其熔丝额定电流应如何选择？

用熔断器保护电力电容器，应每台单设熔断器，其熔丝额定电流一般取电容器额定电流的 1.2～2.5 倍。如分组装设，每组不宜超过

4 台，熔丝额定电流一般取每组总台数和电流的 1.3～1.8 倍。

熔断器在合闸涌流情况下不应熔断。国际电工委员会规定，熔断器的抗涌流能力为：涌流的峰值为熔断器额定电流有效值的 100 倍。我国拟定的国家标准也作了相同的规定，国内各厂家也是参照此标准生产的，所以，熔断器在合闸涌流情况下，一般不会熔断。

128. 运行中的电力电容器在什么情况下应立即停止运行？

（1）运行电压超过额定电压的 1.1 倍时。

（2）运行电流超过额定电流 1.3 倍时，三相电流出现严重不平衡时。

（3）电容器爆炸。

（4）电容器油管喷油或起火。

（5）接点严重过热或熔化，外壳温度超过 55℃。

（6）电容器内部放电或放电设备有严重异常声响。

（7）电容器外壳有异型膨胀。

（8）装有功率因数自动补偿控制器的电容器组，当自动装置发生故障时，应立即退出运行，而改自动为手动，以避免功率因数降低或投切失控。

129. 电容器在运行中容易发生哪些异常现象？

电容器在运行中，一般常见故障有：

（1）外壳鼓肚。

（2）套管及油箱漏油。

（3）温升过高（超过 38℃）。

电容器外壳鼓肚、套管及油箱漏油等，都是不正常的运行状态，主要是电容器的温度太高所致。根据规定，电容器在正常环境下，其外壳最热点的温升不得超过 25℃，而温升超过 38℃以上是绝对不允许的。

造成温升太高的原因是：

（1）环境温度太高，通风不良。

（2）电压超过额定值，以致过载发热。

当电容器内的油因高温膨胀所产生的压力超出了电容器油箱所能承受的压力时外壳就膨胀鼓肚甚至裂纹漏油。

130. 电力电容器的保护方式有哪些?

为了提高功率因数，经常在高压配电所或车间配电柜内装设电力电容器。为了使这些补偿设备安全可靠地运行，一般应考虑以下几种保护：

（1）熔丝保护，每台电容器都要有单独的熔丝保护，当某一台电容器有故障时，其熔丝熔断，这样就可以避免其他电容器损坏。熔丝可按 1.5～2.5 倍额定电流选择，同时要有足够的遮断容量。

（2）一般 400 kF 以下的电力电容器组，可以采用一个或两个装有油开关操作机构的直接动作或瞬动过电流脱扣线圈构成相间短路的速断保护。

（3）馈电电压为 10 kV、容量在 600 kF 以上的电容器组的继电保护原理见图 4—3。

如某台电容器发生短路或单相接地时，由于回路中电流增大，过电流继电器 GL 磁铁吸合，同时接通执行机构回路内的跳闸线圈，使之断开电容器组的电源，以防事故的扩大。

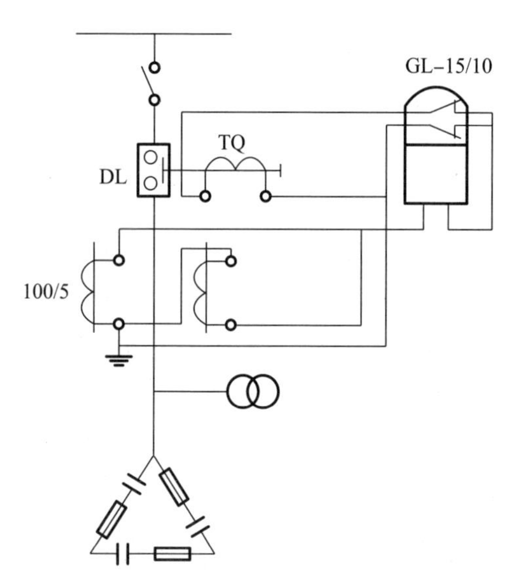

图 4—3 过电流继电保护原理

第五部分 电力线路安全

131. 电路中采用互感器的目的是什么？怎样做好互感器的日常维护？

电路中采用互感器的目的是简化仪表和继电保护装置的结构；使操作人员不接触高压部分，从而保障安全。

互感器的日常维护包括经常保持清洁；看接地线是否良好；如果是油浸的，查看有无渗、漏油现象。另外，检查熔丝是否良好，各部位之间的距离是否符合要求，有无放电现象，有无异味异声。每两年应进行一次预防性试验。

运行中的电压互感器检查内容有：

（1）油浸式互感器油箱是否渗油、漏油，油面指示是否正常。

（2）保护间隙距离是否符合规定。

（3）外观是否完整无缺损。

（4）接地是否良好。

（5）一、二次侧熔断器是否完好。

（6）有无异常声响。

（7）接线点是否松动。

运行中的电压互感器二次侧不允许短路，为避免短路电流的影响，电压互感器一、二次侧必须装设熔断器。

运行中的电流互感器检查内容有：

（1）线圈表面是否损伤。

（2）绝缘瓷瓶有无裂纹破损。

（3）充油互感器是否漏油、渗油，油位是否正常。

（4）从连接仪表的读数检查判断二次是否开路。

（5）有无异常响声及接地是否良好。

（6）接线是否相同极性。

132. 为什么运行中的电流互感器二次不允许开路？

当二次开路时，一次绕组的安匝都作为铁芯的激磁安匝，使铁损增大造成过热将二次绕组烧坏。更主要的由于铁芯磁密度增高，在二次绕组感应出很高的电压（数百伏或上千伏），严重危害操作人员的安全。

133. 电压互感器二次回路为什么需要接地？

电压互感器在运行中，一次线圈处于高电压而二次线圈则为一固定的低电压。如电压互感器一次线圈电压为 10 kV，二次线圈是固定的 100 V，二次电压为一次电压的 1/100。如果电压互感器的绝缘击穿，高电压将直接加到二次线圈。由于二次线圈接有各种仪表和继电器，经常和人接触，这样不但会损坏二次设备，而且还会威胁到工作人员的人身安全。因此，为了保证安全，要求除了电压互感器的外壳接地外，同时在二次回路中也应接地。

134. 10 kV 三相五柱式电压互感器在运行中为什么会经常烧毁？怎样解除？

10 kV 三相五柱式电压互感器在运行中由于系统经常发生单相接

地故障，尤其在雷雨季节，由于大气放电等原因，会使互感器发生铁磁谐振现象，由此产生的谐振过电压将导致电压互感器高压保险熔断，甚至烧毁互感器。

为了避免烧毁互感器故障，可在三相五柱式电压互感器的开口三角处并接一阻尼电阻，或在互感器一次侧中性点串接一阻尼电阻。阻尼电阻的参数，可按运行经验来选择。一般在开口三角处并接的阻尼电阻为 50～60 Ω、500 W 左右，在一次侧中性点串接阻尼电阻为 9 kΩ、150 W 左右。

135. 硬母线的支持夹板为什么不应成闭合回路？用什么方法达到这一要求？

硬母线的支持夹板，通常都是用钢材制成，如果成闭合回路，由于交链母线电流所产生的强大磁通，将引起磁损耗增加，使母线温度升高。

为防止上述情况的发生，常采用黄铜或铝等其他不易被磁化材料作支持夹板，从而破坏磁路的闭合。

136. 母线允许运行温度是多少？判断母线发热有哪些方法？

母线允许运行温度是 70℃。

测量方法如下：

（1）变色漆。

（2）试温蜡片。

（3）半导体电温计（带电测温）。

（4）红外线测温仪。

（5）利用雪天观察接头处雪的融化来判断是否发热。

137. 母线为什么要涂漆？哪些地方不准涂漆？各种排列方式应怎样按相序涂漆？

母线涂漆的作用是：

（1）区别相序。

（2）防止腐蚀。

（3）引起注意，以防触电。

母线的下列各处不准涂漆：

（1）母线的各部连接处及距离连接处 10 cm 以内的地方。

（2）间隔内硬母线要留 50～70 mm，便于停电挂接临时地线用。

（3）涂有温度漆（测量母线发热程度）的地方。

母线排列方式及按相序涂漆见表 5—1。

表 5—1　　母线排列方式及按相序涂漆

相序	涂漆颜色	涂漆长度	母线排序方式			
			自上而下	自左至右	从墙壁起	从柜背面起
U	黄色	沿全长	上	左	U	U
V	绿色	沿全长	中	中	V	V
W	红色	沿全长	下	右	W	W

其接地线、零线涂黑色漆，而高压变（配）电设备构架均涂灰色油漆。

138. 线路作业时，变配电所安全措施有哪些？

（1）线路停送电均应按照值班调度员或指定人员的命令执行。

（2）严禁口头约时停送电。

（3）停电时必须先将该线路可能来电的所有开关、线路刀闸、母线刀闸全部拉开。用验电器验明确无电压。在所有可能向该线路来电的各端装接地线。线路刀闸操作把手上挂上“禁止合闸，线路有人工作”的标示牌。

139. 在测量线路中，选择合理接地点有哪些不容忽视的问题?

所谓接地，一方面是为了降低某些电路之间的电位差，以减小漏电流的量值；另一方面是给容性漏电流或电导性漏电流制造一条最短的入地途径，从而减小它们对第三电路的干扰。在测量线路中，选择合理接地点应该注意：

（1）指零仪的对地电位差不宜过高。通过接地，使指零仪对地电位差尽量降低，以减小指零仪的对地漏电现象。

（2）由干扰电压引起的寄生电流，不允许流过指零仪与高阻抗元件。

（3）在直接由电网供电的线路中，一般不宜采取直接接地的方式。

140. 如何防止盐雾污秽故障?

盐雾污秽是指海水中的盐分被风传送黏附在开关站的设备或导线上，使绝缘子的耐压等级降低，出现套管故障或使设备腐蚀的现象。防止这些故障的措施有以下几种：

（1）建设屋内开关站。

（2）涂有机硅脂。

（3）采用六氟化硫绝缘的开关装置。

（4）采用绝缘子带电清洗装置。

（5）采用加强绝缘的方式，加大绝缘子的尺寸，采用防污耐高压型套管等。

141. 电缆头为什么容易漏油？有何危害？

电力电缆在运行中，由于载流而受热使电缆油膨胀。当发生短路时，短路电流的冲击也会使电缆油产生冲击电压。另外，当电缆垂直安装时，由于高差的原因亦会产生静油压。这些情况的发生使电缆油沿着芯线或铅包内壁缝隙或不严密处流淌到电缆外部，这就是电缆头漏油的主要原因。

电缆头漏油使电缆绝缘能力降低。另外，由于破坏了电缆的密封性，电缆纸极易受潮，也使绝缘能力降低。电缆油中绝对不能渗入水分，否则在运行中或试验时会被击穿毁坏。

防止电缆头漏油的措施是加强制作工艺水平和密封性，现推广的环氧树脂电缆头就是加强密封的一例。除制作上的措施外，在运行中要防止过负荷，敷设时避免高差过大或垂直安装。

142. 干包电缆头为什么在三芯分支处容易产生电晕？如何防止？

所谓干包电缆头，就是指电缆末端不用金属盒子和绝缘胶密封，而只用绝缘漆和包带来密封。它主要用于 10 kV 以下的电缆头。

干包电缆头在三芯分支处产生电晕的原因是芯与芯之间绝缘介质的变化造成电场集中，当某些尖端或棱角处的电场强度大于临界电场强度时，就会使空气发生游离而产生电晕。

消除的办法是：利用等电位的原理，将各芯的绝缘表面包一段金属带，各个金属带互相连接在一起（称为屏蔽），即可消除电晕。

143. 油浸纸绝缘电力电缆在什么情况下允许过负荷？允许过负荷时间是多少？

电缆线路的散热条件与架空线路差不多，而线路的过负荷能力和其散热条件有极大关系。因此，在正常运行情况下，电缆线路不应过负荷运行。但若遇有紧急事故，则 6～10 kV 电缆允许过负荷 15%，连续 2 h；3 kV 以下电缆允许过负荷 10%，连续 2 h。

144. 为什么电缆线路在“两线一地”系统运行时电缆头容易损坏？防止损坏的措施是什么？

“两线一地”系统在正常运行时不接地相对地电压升高 3 倍，即对地电压上升到线电压。因此，由于电缆的对地绝缘长期承受较高的运行电压，使其对地绝缘裕度减小；另外，由于三芯电缆通过的负荷不一定平衡，在电缆铅包两端易产生电位差而形成环流，使绝缘发热；再者，“两线一地”中的单相接地短路实际上就是相间短路，短路电流很大，而这种短路经常发生，故使电缆经常承受冲击油压的作用。由于以上原因，电缆头损坏率增高。

防止损坏的措施：

（1）采用高一级电压等级的电缆。

（2）保护接地与工作接地分开。

（3）工作接地要远离站内接地网，各路接地电阻要尽量一致。

145. 为什么电缆线路停电后短时间内还有电？用什么方法消除？

电缆线路相当于一个电容器，当线路运行时被充电，当线路停电时，电缆芯线上积聚的电荷短时间内不能完全释放，此时若用手触及，则会使人触电。消除的办法是用地线使其对地放电。

146. 电缆线路在运行中应做哪些维护检查工作？

（1）电缆头和套管应清洁、无裂纹及破损放电痕迹，绝缘胶应无熔化流出现象，无渗漏油现象。

（2）各部接头应牢固、无发热现象。

（3）对敷设在地下的每一段线路，应查看沿线有无挖掘痕迹及线路标志是否完整无缺等。应查看电缆线路上有无堆置建筑材料、笨重物件、酸碱性排泄物或砌堆石灰坑等。

（4）进入户内的电缆沟口处应堵死，以防小动物进入或漏水。

（5）系统发生接地故障时，应检查各部位有无放电痕迹。

（6）对于户外露天装设的电缆，当铠装麻包外护层脱落40%时，应将外护层全部剥除，并在铠装上涂防腐油。对于户外地面上保护电缆的铁管、沟、槽等，应查看有无腐烂坍塌现象。

147. 焊接电缆的安全要求有哪些主要内容？

（1）电缆应具有良好的导电能力和绝缘外层。

（2）电缆要柔软，能任意弯曲和扭转，由多股细导线组成。

（3）电缆长度要适当，一般在20～30 m为宜，太长会增大电压降。

（4）电缆导线截面要适当，保证导线不至过热而损坏绝缘层。

（5）焊机的导线要用整根的，中间不要有接头。

（6）严禁利用厂房的金属结构，轨道或其他金属物搭接起来，作为导线使用。

148. 电气线路如何分类？

电气线路按电压高低分为1 kV以上的高压线路；1 kV及以下的低压线路。按结构形式分为架空线路，电缆线路和室内配电线路。

149. 常用绝缘导线有哪些种类？其型号和用途如何？

一般常用绝缘导线有以下几种：

（1）B 系列橡皮、塑料绝缘导线。这种系列的电线结构简单，质量轻，价格低，电气和机械性能有较大的裕度，广泛应用于各种动力、配电和照明线路，并用于中小型电气设备作安装线。它们的交流工作电压为 500 V，直流工作电压为 1 000 V。B 系列中常用的品种见表 5—2。

表 5—2 B 系列橡皮、塑料绝缘导线品种

产品名称	型号		长期最高工作温度（℃）	用途
	铜芯	铝芯		
橡皮绝缘电线	BX	BLX	65	固定敷设于室内（明敷、暗敷或穿管），可用于室外，也可作设备内部安装用线
氯丁橡皮绝缘电线	BXF	BLXF	65	同 BX 型。耐气候性好，适用于室外
橡皮绝缘软电线	BXR		65	同 BX 型。仅用于安装时要求柔软的场合
橡皮绝缘和护套电线	BXHF	BLXHF	65	同 BX 型。适用于较潮湿的场合和做室外进户线，可代替老产品铅包线
聚氯乙烯绝缘电线	BV	BLV	65	同 BX 型。且耐湿性和耐气候性较好
聚氯乙烯绝缘软电线	BVR		65	同 BX 型。仅用于安装时要求柔软的场合
聚氯乙烯绝缘和护套电线	BVV	BLVV	65	同 BX 型。用于潮湿的机械防护要求较高的场合，可直接埋于土壤中
耐热聚氯乙烯绝缘电线	BV—105	BLV—105	105	同 BX 型。用于 45℃及其以上高温环境中
耐热聚氯乙烯绝缘软电线	BVR—105		105	同 BX 型。用于 45℃及其以上高温环境中

（2）R 系列橡皮、塑料绝缘导线。这种系列电线的线芯是用多

根细铜线绞合而成，除了具备B系列电线的特点外，还比较柔软，大量用于日用电器、仪表及照明线路。R系列中常用的品种见表5—3。

表5—3　　R系列橡皮、塑料绝缘导线品种

产品名称	型号	工作电压（V）	长期最高工作温度（℃）	用途及使用条件
聚氯乙烯绝缘软电线	RV RVB RVS	交流250 直流500	65	供各种移动电器、仪表、电信设备、自动化装置接线用，也可作内部安装线。安装时环境温度不低于－15℃
耐热聚氯乙烯绝缘软电线	RV－105	交流250 直流500	105	同BX型。用于45℃及其以上高温环境中
聚氯乙烯绝缘和护套软电线	RVV	交流250 直流500	65	同BX型。用于潮湿和机械防护要求较高以及经常移动、弯曲的场合
丁聚氯乙烯复合物绝缘软电线	RFB RFS	交流250 直流500	70	同RVB、RVS型。且低温柔软性较好
棉纱编织橡皮绝缘双绞软线、棉纱纺织橡皮绝缘软电线	RXS RX	交流250 直流500	65	室内日用电器、照明用电源线
棉纱纺织橡皮绝缘平型软线	RXB	交流250 直流500	65	室内日用电器、照明用电源线

（3）Y系列通用橡套电缆。这种系列的电缆适用于一般场合，作为各种电气设备、电动工具、仪器和日用电器的移动电源线，所以称为移动电缆。

按其承受机械力分为轻、中、重三种形式。Y系列中常用的品种见表5—4。它的最高工作温度为65℃。

表 5—4　　Y 系列通用橡套电缆品种

产品名称	型号	交流工作电压（V）	特点和用途
轻型橡套电缆	YQ	250	轻型移动电气设备和日用电器电源线
	YQW		轻型移动电气设备和日用电器电源线，且具有耐气候和一定的耐油性能
中型橡套电缆	YZ	500	各种移动电气设备和农用机械电源线
	YZW		各种移动电气设备和农用机械电源线，且具有耐气候和一定的耐油性能
重型橡套电缆	YC	500	同 YZ 型。能承受一定的机械外力作用
	YCW		同 YZ 型。能承受一定的机械外力作用，且具有耐气候和一定的耐油性能

150. 选择电气线路导线截面的主要依据有哪些？

一般情况下，导线截面的选择应按下列几个条件选择。

（1）按导线允许电流选择。按导线连接通过最大负荷电流，导线也不超过允许发热温度（一般导线的最高允许工作温度为＋65℃）的原则，可按下式计算和选择导线截面：

$$I=\frac{P}{\sqrt{3}U\cos\varphi}$$

式中　P——输送容量，kW；

U——线路额定电压，kV；

I——线路电流，A；

$\cos\varphi$——负荷功率因数。

算出电流后，可在有关资料中查出相应截面的导线。

（2）按允许电压损失选择。在各种用电设备中，都规定有一定的允许电压损失范围。所以在一定负荷及供电线路长度下，导线截面不应过小，否则，电压损失将超出允许范围。因此，也可根据允许的电压损失来选择导线截面。单相 220 V 供电时：

$$S=\frac{2\times P\times L}{\gamma(220)^2\times\Delta U\%}\times 100$$

380/220 V 三相四线制供电时：

$$S=\frac{P\times L\times 100}{\gamma(380)^2\times\Delta U\%}$$

式中　S——导线截面，mm^2；

P——用电设备的功率，W；

L——线路长度，m；

γ——导线的导电率（铜线 $\gamma=54\ m/mm^2\cdot\Omega$，铝线 $\gamma=32\ m/mm^2\cdot\Omega$）；

$\Delta U\%$——允许的电压损失百分数。

（3）按经济电流密度选择。按经济电流密度选择导线截面时，先算出最大负荷电流，然后按其使用时间，在有关资料中选出经济电流密度，再按下式计算导线截面：

$$S=\frac{I_M}{A}$$

式中　S——导线截面，mm^2；

I_M——最大负荷电流（线电流），A；

A——经济电流密度，A/mm^2。

151. 什么是短路电流？如何选择？

为了短路时速断保护装置能可靠动作，短路时必须有足够大的短路电流。这也要求导线截面不能太小。另外，由于短路电流较大，导线应能承受短路电流的冲击而不受到机械破坏和热破坏。为此，导线截面应满足下式要求：

$$S=I_S\frac{\sqrt{t}}{C}$$

式中　I_S——短路电流稳态值，A；

t——短路电流可能持续的时间，s；

C——计算系数，铜母线及导线取 175、铝母线及导线取 92、10 kV 铜芯电缆取 162、不与电器连接的钢母线取 70、与电器连接的钢母线取 63。

另外，单相短路电流也不能太小。在 TN 系统中，要求单相短路电流大于相应的熔断器熔体额定电流的 4 倍（爆炸危险环境应大于 5 倍）或大于低压断路器瞬时动作过电流脱扣器整定电流的 1.5 倍。

152. 低压配电线路采取穿管敷设方式时，对穿管的绝缘导线有何要求？

（1）导线的绝缘强度不应低于 500 V 交流电压。

（2）不同回路，不同电压，交流和直流的导线不得穿入同一管内，防止由于发生短路而引起事故。

（3）为避免涡流，同一交流回路导线，必须穿入同一管内。

（4）照明的几个回路可穿入同一管内，但总数不应多于 8 根。

（5）管内铜导线截面不得小于 1.0 mm^2，铝导线不得小于 2.5 mm^2。

（6）管内导线的总截面（包括外护层）不超过管子截面的 40％。

（7）导线在管内不得有接头和扭结。

（8）所有管路均按规定接零（地）。

153. 低压配电线路钢管布线时管子超过多长应装设分线盒?

低压配电线路敷设线管超过下列长度时，其中间应装设分线盒：

（1）管子全长超过 30 m，而且无弯曲时。

（2）管子全长超过 20 m，而且有一个弯曲时。

（3）管子全长超过 12 m，而且有两个弯曲时。

（4）管子全长超过 8 m，而且有三个弯曲时。

154. 为什么三相导线不能用三根铁管分开穿线?

在三相交流电路里，每相导线中的交流电流都要产生相应的交变磁场，当三相负荷电流平衡时，三相电流的相量和等于零，即 $i_A+i_B+i_C=0$，因此三相合成磁场也等于零，对外没有分布磁场。如将三根导线穿在一根管里，铁管不会感生电势和产生涡流而发热，否则，如各相导线单管分装，导线各自产生的交变磁通将使铁管产生感应电势和涡流而发热。当负荷电流很大时，感应电势和涡流发热都会达到较大数值，从而影响线路运行，所以，三相交流线路的导线必须穿进一根铁管里，不可单管分装。

155. 导线连接有哪些安全注意事项?

导线的接头是电力线路的薄弱环节，接头常常是发生故障的地方。接头接触不良或松脱，会增大接触电阻，使接头过热而烧毁绝缘，还可能产生火花。严重的会酿成火灾和触电事故。工作中，应当尽可能减少导线的接头，接头过多的导线不宜使用。

导线有焊接、压接、缠接等多种连接方式。导线连接必须紧密，原则上导线连接处的机械强度不得低于原导线机械强度的 80%；绝缘强度不得低于原导线的绝缘强度；接头部位电阻不得大于原导线电阻的 1.2 倍。

铜铝接头是最容易发生事故的部位之一。铜和铝的热胀性能不一样，使得铜铝接头受热冷却后逐渐变松，甚至出现缝隙。加之铜和铝的化学性能也不一样，如果水分渗入缝隙内，接头将受到电化学腐蚀，接触将进一步恶化。再则，如铝导体表面形成氧化膜，因其电阻率很高而会导致接头过热。

在干燥的室内，如无爆炸危险和强烈振动，且安全要求不太高，小截面铜导线与铝导线允许直接连接。其操作要领是：剥开铝导线后及时涂上导电膏；铜导线涮锡后涂上导电膏；按要求紧密缠结；缠结好后先用橡皮胶布紧密包裹（尽量不留下气泡）；然后再用普通胶布包裹。在其他情况下，铜、铝之间必须经铜—铝过度接头连接。

156. 屋内布线的一般要求是什么？

（1）布线所使用的导线，耐压等级应高于线路的工作电压；其绝缘层应符合线路安装方式和敷设环境条件；截面的安全电流应大于用电负荷电流和满足机械强度的要求。

（2）线路应避开热源，不在发热物体（如烟囱）的表面敷设，如必须通过时，导线周围的温度不得超过 35℃，并做隔热处理。

（3）线路敷设用的各种金属构架、铁件和明布铁管等均应该做防腐处理。

（4）各种明布线应水平和垂直敷设；导线水平高度距地面不小于 2.5 m，垂直线路不低于 1.8 m，如达不到上述要求时，需加保护，防止机械损伤。导线与建筑物之间的距离不小于 10 mm。

（5）布线要便于检修和维护，明布线需将导线调直敷设，导线与导线交叉、导线与其他管道交叉时，均需套以绝缘套管或做隔离处理。

（6）导线在连接和分支处，不应受机械应力的作用，并应尽量减小接头，导线与电器端子连接时要牢靠压实。大截面导线应使用与导线同种金属的接线端子，如铜和铝端子相接时，应将铜接线端子做涮锡处理。

（7）导线穿墙时，应装过墙管（铁管或其他绝缘管）。过墙管两端伸出墙面不小于 10 mm。

（8）线路对地绝缘电阻，不应小于每伏工作电压 1 000 Ω。

157. 室内配电线路发生短路的主要原因有哪些?

（1）导线没有按具体使用环境合理选用。使导线的绝缘受到高温、潮湿或腐蚀等作用而失去绝缘能力。

（2）维修保养不善，导线受损或绝缘老化使线芯裸露。

（3）违反安装规程，用金属线捆扎多根绝缘导线，并挂在钉子等金属物上，因摩擦和生锈，使绝缘受到破坏。

（4）线路过电压，导致绝缘击穿。

（5）安装或维修线路时，带电作业造成人为碰线或将线路接错。

（6）雷击过电压。

（7）线路空载时的电压升高，击穿绝缘导线薄弱的地方造成线路短路。

158. 室内低压电气线路的导线截面应如何确定?

室内低压电气线路的导线截面积应按以下方法确定：

（1）导线截面的安全载流量，应大于最大的连续负荷电流。

（2）线路的电压损失应在允许范围之内。

（3）导线有足够的机械强度。

（4）导线与熔断器相适应。

159. 架空线路常见故障有哪些?

架空线路敞露在大气中，容易受到气候、环境条件等因素的影响。

当风力超过杆塔的稳定度或机械强度时，将使杆塔歪倒或损坏。超风速情况下固然可以导致这种事故，但是如果杆塔锈蚀或腐朽，正常风力也可能导致这种事故。大风还可能导致混线及接地事故。降雨可能造成停电或倒杆事故。毛毛细雨能使脏污的绝缘子发生闪络，造成停电；倾盆大雨可能导致山洪暴发冲倒电杆。线路遭受雷击，可能使绝缘子发生闪络或击穿。在严寒的雨雪季节，导线覆冰将增加线路的机械负载，增大导线的弧垂，导致导线高度不够；覆冰脱落时，又会导致导线跳动，造成混线。严冬季节，导线收缩将增加导线的拉力，可能拉断导线。高温季节，导线将因温度升高而松弛，弧垂加大可能导致对地放电。大雾天气可能造成绝缘子闪络。

鸟类筑巢、树木生长、邻近的开山采石或工程施工、风筝及其他抛掷物均可能造成线路短路或接地。

厂矿生产过程中排放出来的烟尘和有害气体会使绝缘子的绝缘水平显著降低，以致在空气湿度较大的天气里发生闪络事故；在木杆线路上，因绝缘子表面污秽，泄漏电流增大，会引起木杆、木横担燃烧事故；有些氧化作用很强的气体会腐蚀金属杆塔、导线；避雷线和金具。

污闪事故是由于绝缘子表面脏污引起的。一般灰尘容易被雨水冲洗掉，对绝缘性能的影响不大。但是，化工、钢筋混凝土、冶炼等厂矿排放出来的烟尘和废气含有氧化硅、氧化硫、氧化钙等氧化物，沿海地区大气中含有氯化钠，对绝缘子危害极大。

160. 在杆上作业时应注意哪些安全事项?

（1）察看线路架设情况，注意明露导电部分，防止误触电。

（2）在线路复杂的杆上，应将可能碰触的带电部分，用绝缘物暂时遮盖。

（3）在高、低压并架的电杆上，作业人员距离 10 kV 高压线的距离，不得小于 1 m。

（4）雷雨天气应停止杆上作业。

（5）上杆前分清火线和地线，断开线时应先断火线，搭接导线时应先搭地线。

161. 在什么情况下不得登杆作业?

有下列情况之一者，未采取其他安全措施前，不得登杆作业。

（1）木杆根部腐朽超过根部面积 1/4～1/3 时。

（2）根部直径小于 200 mm 的电杆。

（3）铁腿杆的铁锈蚀严重。

（4）电杆木质不良，如杨木杆、空心松木杆等。

（5）杆身外露筋严重的水泥杆。

162. 线路巡视的主要内容是什么?

（1）定期巡视，周期一般为每月一次。

（2）特殊巡视，在导线结冰、大雾、大雪、大雨天气之后进行。

（3）认真巡视，检查导线连接器及绝缘子有无异常现象。

（4）故障性巡视，在事故跳闸或发生事故后进行巡视，查明线路连接地，事故跳闸原因。

（5）预防性检查，根据季节性特点对线路各元件进行预防性检查和试验，以及擦拭绝缘子等。确认检查项目，此相工作一般在春秋两季进行。

163. 安装低压临时线路和设备时应注意哪些问题?

临时线路使用期限一般不得超过三个月，安装低压临时线路和设备时应注意以下问题：

（1）要考虑负荷平衡及开关的保护整定值是否满足要求，使用电器元件一定要符合要求，并广泛使用漏电保护开关。

（2）每台设备均应有单独的操作机构。

（3）直接启动的电动机，容量在 7 kW 以上者，应装设磁力启动器，其最大容量不得超过供电变压器额定容量的 25%，否则，应采取降压启动。

（4）室外开关箱必须做成防水式，坚持“一箱一闸”制，上锁看管。开关箱应安装在高处，底边距地面 1.3 m 为宜，不得放置在地下或人易触及的地方，安装牢固，不得歪斜。

（5）固定式用电设备，均应搭设防雨棚，移动式电气设备应加强管理和维护，遇有雨、雪等天气，应采取防护措施，全部设备要有可靠的接地保护，而且连接要牢固可靠。

（6）临时使用应办有手续，架线应符合正式线路要求，并设有专人管理和监督使用。

（7）临时线路应实行三相五线制供电方式，工作零线和保护零线分开敷设，设备连接宜采用五芯胶皮电缆。

164. 为什么三相四线制照明线路的零线不准装设熔断器，而单相双线制照明线路又必须装设熔断器？

在三相四线制 380/220 V 中性点接地的系统中，如果零线装设熔断器，当熔丝熔断时，断点后面的线路上如果三相负荷不平衡，负荷少的一相将出现较高电压，从而引起烧坏灯泡和其他用电设备的事故，所以零线上不准装设熔断器。

对于生活用的单相双线照明供电线路，大部分是不熟悉电气的人经常接触，而且有时修理和延长线路常将相线和零线错接，加之这种线路即使零线断了也不致引起烧灯泡事故，所以零线上都应装设熔断器。

165. 白炽灯使用时应注意哪些事项？

白炽灯（俗称灯泡）使用时应注意：

（1）使用时灯泡电压与电源电压应相符。为使灯泡发出的光能得到很好的分布和避免光线刺眼，最好根据照度要求安装反光适度的灯罩。

（2）大功率的灯泡在安装使用时要考虑通风良好，以免灯泡由于过热而引起玻璃壳与灯头松脱。

（3）灯泡在室外使用时应有防雨设备，以免灯泡玻璃遇雨破裂，而使灯泡损坏。

（4）室内使用的灯泡，要经常清扫灯泡和灯罩上的灰尘与污物，以保持清洁和亮度。

（5）灯泡的拆换和清扫工作，应关闭电灯开关，注意不要触及灯泡螺旋部分，以免触电。

166. 日光灯常见故障有哪些？怎样处理？

日光灯常见故障和处理方法有以下几种。

（1）灯管不能发光。这可能是接触不良、启辉器损坏或灯丝已断。

处理办法：属于接触不良时，转动灯管，压紧灯管电极与灯座电极之间的接触。转动启辉器，使电极与底座电极接触牢固。

如果启辉器损坏，将启辉器取下，用两个螺丝刀金属头同时接触启辉器底座内的两个电极，再把两个螺丝刀金属杆部分碰触一下后马上离开，这时如果灯管发光则说明是启辉器坏了。

假如灯丝已断，可用万用表或以电池和小电珠串联测试。

（2）灯管两端发光。多数由于气温过低、电源电压过低、灯管陈旧、寿命将终（灯管两端壁发黑）所致。

处理办法：提高气温或加保护罩；检查电源电压；更换新管。

（3）灯管发光后灯光在管内旋转。新管常有的暂时现象。

处理办法：开用几次即可消失。

（4）灯管闪烁。灯管质量不好。

处理办法：换新管，试验有无闪烁。

（5）灯管亮度减低。灯管陈旧（灯管两端发黑），电源电压减低。

处理办法：属灯管陈旧，不可修理。如果是因电源电压低，可检查电源。

（6）灯管两端发黑。灯管陈旧，寿命将终。

处理办法：不必修理，需更换新管。

（7）灯管两端发生黑斑。灯管内水银凝结，是细管常有的现象。

处理办法：启动后可能蒸发消除。

（8）电磁声较大。可能是镇流器质量较差，硅钢片振动较大。

处理办法：有条件时装紧其铁芯。

（9）镇流器发热。通风散热不好或内部线圈匝间短路。

处理办法：解决通风散热；检查试验或更新镇流器。

（10）镇流器冒烟。内部线圈短路。

处理办法：立即切断电源，更换新镇流器。

（11）打开开关灯管闪亮后立即熄灭。这可能是接线错误，将灯丝烧断。

处理办法：检查灯管灯丝是否烧断，如已烧断，应检查接线是否正确后，再更换新管。

167. 工厂车间照明一般选用哪些灯具形式？各种型号和技术数据是什么？

工厂车间照明指悬挂或墙壁安装的固定照明灯具，供车间大面积照明，而对各种机器设备、工作台或划线台等尚需有局部照明。故在选择灯具形式时，只按工作车间种类不同的照度要求计算，而不考虑局部照度要求。

工厂灯类的型号如下：

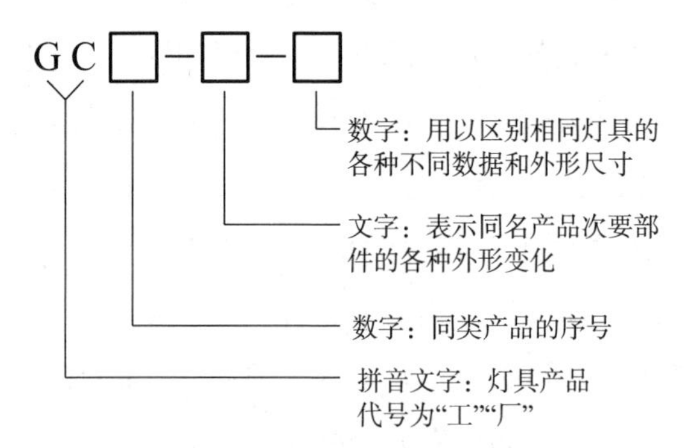

注：同名次产品次要部件外形变化标号为 A—直杆吊灯，B—吊链灯，C—吸顶灯，D—90°弯杆灯，E—60°弯杆灯，F—30°弯杆灯，G—90°直杆弯灯。

按其灯型一般选择如下：

（1）GC1 配照型工厂灯。适合于工厂车间用。型号和技术数据见表 5—5。

表 5—5　　GC1 配照型工厂灯技术数据表

型号	灯泡功率（W）	灯泡电压（V）	灯头形式	外形尺寸（mm）			
				d	D	L	H
GC1－A、B－1 GC1－C－1 GC1－D、E、F、G－1	60～100	110/220	E－27	100 120 100	355	500～1 200 — 300	205 210 205
GC1－A、B－2 GC1－C－2 GC1－D、E、F、G－2	150～200	110/220	E－27	100 120 100	406	500～1 200 — 350	215 220 215

（2）GC5 深照型工厂灯。适用于厂房。加工车间及大型机床作固定照明。型号和技术数据见表 5—6。

表 5—6　　GC5 深照型工厂灯技术数据表

型号	灯泡功率（W）	灯泡电压（V）	灯头形式	外形尺寸（mm）			
				d	D	L	H
GC5－A、B－1 GC5－C－1 GC5－D、E、F、G－1	60～100	110/220	E－27	100 120 100	220	300～1 000 — 300	240 245 240
GC5－A、B－2 GC5－C－2 GC5－D、E、F、G－2	150～200	110/220	E－27	100 120 100	250	300～1 000 — 350	265 270 265
GC5－A、B－3 GC5－C－3 GC5－D、E、F、G－3	300	110/220	E－40	100 120 100	310	300～1 000 — 400	315 320 315
GC5－A、B－4 GC5－C－4	300～500	110/220	E－40	100 120	350	300～1 000 —	345 350

（3）GC7 斜照型工厂灯。适用于室内外画廊、宣传栏和广告牌等。型号和技术数据见表 5—7。

表 5—7　　GC7 斜照型工厂灯技术数据表

型号	灯泡功率（W）	灯泡电压（V）	灯头形式	外形尺寸（mm）			
				d	D	L	H
GC7—A—1 GC7—C—1 GC7—D、G—1	60	110/220	E—27	100 120 100	220	300～1 000 — 300	256 266 256
GC7—A—2 GC7—C—2 GC7—D、G—2	100	110/220	E—27	100 120 100	250	300～1 000 — 300	285 290 285

（4）GC17 圆球型工厂灯。吸顶照明，用于工厂厂房车间等。型号和技术数据见表 5—8。

表 5—8　　GC17 圆球型工厂灯技术数据表

型号	灯泡功率（W）	灯泡电压（V）	灯头形式	外形尺寸（mm）			
				d	D	L	H
GC17—A、B—2 GC17—C—2 GC17—D、E、F、G—2	100	110/220	E—27	100 120 100	204	300～1 000 — 350	275 320 275
GC17—A、B—3 GC17—C—3 GC17—D、E、F、G—3	200	110/220	E—27	100 120 100	254	300～1 000 — 400	320 365 320

上述各工厂型灯具均装设钢板搪瓷灯罩，内腔白色，外观灰色或深蓝色，均为铸铝灯座和吊线器。

工厂型灯具尚有用于有尘埃或潮湿度较大场所的防尘、防水式。故选用时应该考虑到厂房车间照明要求又要对周围介质和湿度等因素作以充分估计。

168. 怎样选择机床局部照明工作灯?

机床和其他场所的局部照明灯都是工作人员经常接触的，故在选择时首先应考虑安全，所以一般都采用控制变压器将一次电压（380 V或220 V）变为12 V、24 V、36 V。

按局部照明要求，其各种灯的结构又分为以下几种。

（1）钢管式：有两节、三节等，型号为JC5、JC6。

（2）软梗式：型号为JC1、JC2、JC3、JC4等。

（3）拉簧式：JC13—D型。

各种灯的灯泡功率为40～100 W。

上述各种灯适用于机床、工作台、绘图、医疗、技术研究等各局部照明用。

169. 在室内安装照明灯具时有哪些要求?

（1）灯的一般高度不应低于2.5 m，如受条件限制可减为2.2 m，如果再降应采取安全措施。如灯是安装在桌面上方或其他人不能碰到的地方，允许高度减为1.5 m。

（2）拉线开关高度距地面不得低于2.2 m。

（3）灯头导线不应有接头，且软线还应在灯头、灯线盒等处做保险扣。

（4）相线安装在开关上，安装螺口灯头时，应把相线接在螺口灯头的中心桩上。

（5）其他各种照明开关高度应为1.3 m。

（6）吊链灯具的灯线不应受拉力，若灯具超过3 kg时应预埋吊钩和螺栓，以防脱落。

（7）行灯、机床工作台局部照明，应使用 36 V 以下安全电压。金属容器内或特别潮湿地点，应用 12 V 以下安全电压灯具。

（8）照明支路容量不应大于 15 A。并且要有熔断器作短路保护。

（9）每个照明支路的灯具数量（包括插座）不宜超过 20 个，最高负荷在 10 A 以下时，可增加到 25 个。

170. 特殊场所应选择什么类型的照明灯具？

（1）防爆场所应采用隔爆防爆型灯具。

（2）潮湿场所应采用防潮型灯具。

（3）高温场所宜采用透光灯。

（4）粉尘严重场所，宜采用防尘型或密闭型。

（5）腐蚀气体场所应采用密闭型，且灯具各部应有防腐措施。

（6）有机械损伤的场所，宜采用有防护网的灯具。

171. 什么场所应安装事故照明？

在有火灾、爆炸、中毒危险场所，500 人以上的重要公共场所；生产工艺受到影响时会造成大量废品的场所，都应安装事故照明。

172. 照明电器附件的安装有哪些要求？

（1）各种附件的安装高度应符合设计要求，一般拉线开关距地 2.5 m，明装插座为 1.8 m，暗装插座为 0.3 m，明装和暗装扳把开关距地面为 1.4 m，各种开关、插座等的安装要牢固，位置准确。

（2）安装扳把开关时，其开关方向应一致，一般扳把向上为“合”、向下为“断”。插座的接线孔要有一定的排列顺序。

1）单相两孔插座。在两孔垂直排列时，相线在上孔，零线在下孔。水平排列时相线在右孔，零线在左孔。

2）单相三孔插座。保护接地在上孔，相线在右孔，零线在左孔。

3）三相四孔插座。保护接地在上孔，其他三孔按左、下、右为A、B、C三相线。

173. 怎样选择照明线路熔丝？

低压照明线路（即电灯线路）多属电阻负荷。选用熔丝规定：

（1）干线的熔丝容量应等于或稍大于各分支线熔丝容量之和。

（2）各分支线熔丝容量（额定电流）应等于或稍大于各盏电灯工作电流之和。

电气设备运行与维修安全

174. 选择高压电气设备时应进行哪些校验?

为了保证电气设备运行可靠，并在通过最大可能的短路电流时不致受到严重损坏，应按正常情况下的额定电压、额定电流等进行选择，并根据短路电流所产生的动热效进行校验，校验项目见表6—1。

表6—1　　各种电气设备在选择时应验算的项目表

项目 设备名称	电压（kV）	电流（A）	遮断容量（MVA）	稳定校验	
				动稳定	热稳定
断路器	×	×		×	×
负荷开关	×	×		×	×
隔离开关	×	×		×	×
熔断器	×	×	×		
电流互感器	×	×	×	×	×
电压互感器	×		×		
支柱绝缘子	×			×	
套管绝缘子	×	×		×	
母线		×		×	×
电线	×	×			×

续表

项目 设备名称	电压（kV）	电流（A）	遮断容量（MVA）	稳定校验	
				动稳定	热稳定
电抗器	×	×		×	×
备注	设备额定电压与线路工作电压相符	设备的额定电流应大于工作电流	遮断容量应大于短路容量	按三相短路电流校验	按三相或二相短路电流校验

注：表中设备应根据“×”各项进行选择。

在下列情况可不必进行短路电流校验：

（1）用熔断器保护的电器及导体。

（2）电压互感器回路中的电器及导体。

（3）电压在 10 kV 及以下，电源变压器在 750 kVA 及以下，并非重要用户且又不致因短路破坏导体而产生严重后果的电器及导体。

（4）架空电力线路。

175. 巡视高压设备时应遵守哪些规定?

（1）巡视高压设备时，不得进行其他工作，不得随意移动或越过遮栏。

（2）雷雨天气时，应穿戴好绝缘鞋等防护用品，不得靠近避雷针和避雷器。

（3）当高压设备发生接地故障时，在室内，不得进入故障点 4 m 以内；在室外，不得进入故障点 8 m 以内的区域。需进入上述范围的工作人员必须穿戴好防护用品，接触设备的外壳和构架时，应戴好绝缘手套。

（4）巡视配电装置，出高压室后必须将门锁好。

176. 安装自动重合闸装置有哪些基本要求？

架空线路配电网中，很多故障是非持久性的。当线路断开后，这些故障能自行消除，恢复供电。因此，装设自动重合闸装置可提高配电网运行的可靠性、减少停电次数。架空电力线路的自动重合闸装置（ZCH 装置）应符合下列基本要求：

（1）线路正常运行时，ZCH 装置应投入，当值班人员利用控制开关或遥控装置将断路器断开时，ZCH 装置不应动作。当值班人员手动投入断路器，由于线路上有永久性故障而随即由保护装置将其断开时，ZCH 装置亦不应动作。

（2）除上述情况外，当断路器因继电保护或其他原因跳闸时，ZCH 装置均应动作。

（3）ZCH 装置的启动应按控制开关的位置与断路器的位置不对应的原则进行，或由保护装置来启动。采用位置不对应原则启动，当控制开关在合闸位置而断路器实际在断开位置时，ZCH 装置应启动。如利用保护来超支，由于保护装置动作快，ZCH 装置可能来不及超支，因此必须采取措施（如自保持电路等），以保证 ZCH 装置的可靠动作。

（4）ZCH 装置的动作次数应符合预先规定的次数，如一次式 ZCH 装置只应动作一次，在任何情况下都不允许多次重合。

（5）ZCH 装置应能够在重合闸前后加速继电保护动作，以便缩短故障的切除时间。

（6）ZCH 装置动作后，应能自动复归，为下一次动作做准备。对于 10 kV 以下的线路，如有值班人员，亦可采用手动复归方式。

（7）ZCH 装置应有闭锁回路，以便当母线差动保护或变压器差动保护以及自动装置等动作时，对 ZCH 装置进行闭锁。

（8）对于连接并联电容器组的断路器不应装设自动重合闸装置。因为在断路器断开、电容器放电尚未结束时，如立即送电，可能会由于反极性电荷的影响而产生过电压，使电容器极间绝缘击穿。

（9）电缆线路瞬间故障少，装设自动重合闸装置，对提高其运行可靠性的效果不显著，故不宜装设。

177. 备用电源装置的操作有哪些注意事项?

备用电源是为保证企业正常、可靠供电而设置的。在非人工操作的情况下，工作电源的电压消失为零，备用电源装置均应自动投入，发挥其作用，保证不间断供电。

（1）应保证工作电源可靠断开后，备用电源才能投入，以防止当工作电源发生故障但还未切断时，备用电源投入向故障点输送短路电流，反而导致事故扩大，甚至可能损坏设备。

（2）应保证备用电源装置只动作一次。当具有备用电源的母线发生短路时，工作电源在断电保护装置的作用下断开，经过短暂延时，备用电源自动投入。但如果母线为持续性短路故障，则装置在其继电保护的作用下跳闸，以后不允许再次将备用电源投入运行，直到母线的持续性短路故障被排除为止。以免将备用电源多次投入持续性短路故障上，对系统造成多次冲击。

178. 低压开关电器主要包括哪些元器件？它们都有哪些安全使用要求?

低压开关电器种类较多，包括常用的小型开关，负荷开关，低压断路器及交、直流接触器，减压启动器等，其安全使用要求是：

（1）运行参数符合电路负荷要求。

（2）质量良好，外观完整，有合格产品认证。

（3）安装合理、牢固，操作方便。如负荷开关操作时要单手侧身，动作迅速。

（4）不带电的金属部分必须接地（接零）。

（5）绝缘电阻符合要求。

（6）运行时，要注意检查外壳温度、线圈响声和接触不良引起的气味等。

（7）户外安装应采取防雨措施。

179. 低压断路器的安全使用有哪些注意事项?

低压断路器广泛应用于保护交流 500 V 及直流 440 V 以下低压配电系统中的电气设备，使之免受过载、短路、欠电压等不正常情况的危害。常用的有 DZ 型和 DW 型两种。其安全使用注意事项有以下六点：

（1）断路器的额定电压应与线路电压相符，其额定电流和脱扣器整定电流应和用电设备最大电流相匹配。对于启动电流大、工作电流小的线路和设备，最好选用 DZ—12 型的，因为它的脱扣器是由热元件组成的，具有一定延时特性。对于短路电流相当大的线路，应选用限流型的。如果选用不当，有可能无法正常运转或起不到保护作用。

（2）断路器的极限通断能力应大于被保护线路的最大短路电流。

（3）DZ 断路器在使用中一般不得自行调整过流脱扣器的整定值。

（4）线路停电后又恢复供电时，禁止自行启动的设备应选用带有失压保护的断路器。

（5）如断路器缺少或损坏了部件，就不得继续使用。特别是灭弧罩损坏，不论是多相或一相均不得使用，以免在开断时发生电弧短路事故。

（6）断路器应在干燥场所使用，并应定期检查和维修（一般半年一次）。检查部件是否完整、清洁，触头和灭弧部分是否完整，传动部分是否灵活，尤其是 DW 型，要定期给操作机构的传动部位加油润滑。

180. 选用 HK 系列开启式负荷开关时有哪些注意事项？

开启式负荷开关的额定电压必须与线路电压相适应。对于照明负荷，其额定电流大于负荷电流即可；对于动力负荷，其额定电流应大于负荷电流的 3 倍。它所配熔体的额定电流不得大于开关的额定电流。由于它没有专门的灭弧装置，一般只能直接控制 5.5 kW 以下的三相电动机或一般的照明线路。

181. 对于电阻性负载和硅整流装置应如何选用熔断器额定电流？

对于电阻性负载和硅整流装置应按下式计算熔断器额定电流：

熔丝额定电流＝(1～1.1)×负荷电流

硅整流装置除符合上述要求外，还应选用有限流作用的快速熔断器。

182. 熔断器有什么缺点？使用中应注意什么问题？

熔断器作为一种简单、廉价的保护装置已很早应用在电气系统的保护上，但是它有一个固有的缺点，就是使用在三相回路中的熔断器，若有一相因非故障的原因熔断，就会造成系统的单相运行或电压偏移、相电压升高，引起电动机烧坏、设备功率降低等故障。因此，使用中应加强仪表监视和设备巡视，以便及时发现单相运行并且立即处理，另外，在使用中应与断相保护结合使用，以避免系统或设备的单相运行。

183. 低压电气系统常发生哪些电气故障？应采用什么安全保护措施？

低压电气系统常发生过载、短路、缺相漏电、失压、欠压等故障。其故障种类、原因、危害和保护措施见表6—2。

表6—2 低压电气系统电气故障种类、原因、危害和保护措施

故障种类	原因	危害	保护措施
过负载	电气负荷太大、机械负荷过重、机械故障	电气系统的绝缘老化，电气触点接触部位发热、跳闸、火灾	装设热电保护器、过流继电器，设自动开关，小容量或照明回路设熔断器
短路	电气系统的绝缘被击穿、电气系统相与地、相与相接触	烧毁导线或母线、发生火灾、绝缘破坏	设断路器 设熔断器
漏电	局部绝缘损坏、爬电距离或电气间隙不够，人体误触带电部位	保护装置误动、人体触电	装设漏电保护装置、加强绝缘检测
缺相或断相	熔丝熔断、开关触头接触不良、电气线路或电器内部断线	烧坏电动机或三相电子电器、电气系统不平衡	装设断相保护装置
失压	电源侧的开关跳闸	造成停电、对不允许停电的系统将造成经济、政治损失	装设电压继电器，装设失压脱扣器，不允许停电的系统应装置UPS或设双跳电源
欠压	电源供电质量不高，系统不平衡	电机、电器、导线、开关过热、部分开关掉闸	装设电压继电器、装设稳压装置

184. 哪些电气设备必须安装漏电保护器？漏电保护器不能保护哪些漏电事故？

（1）触电、防火要求较高的场所和新、改、扩建工程中的各类低压用电设备。

（2）新制造的低压配电柜、动力柜、开关箱、操作台以及机床、起重机械、各种传动机械和动力配电箱。

（3）建筑施工场所、临时线路的用电设备。

（4）手持式电动工具（Ⅲ类除外）、移动式生活日常用电器、其他移动式机电设备以及触电危险性大的用电设备。

（5）潮湿、高温、多金属构件的场所及其他导电良好场所的电气设备。

以上所述电气设备都必须安装漏电保护器。根据漏电保护器的原理，对两相触电不能进行保护，对相间短路也不能起到保护作用。所以，漏电保护器不能取代熔断器，仍需安装短路保护。

185. 漏电保护器应如何进行接线？

漏电保护器的接线如图 6—1 所示，分为误动类和拒动类。

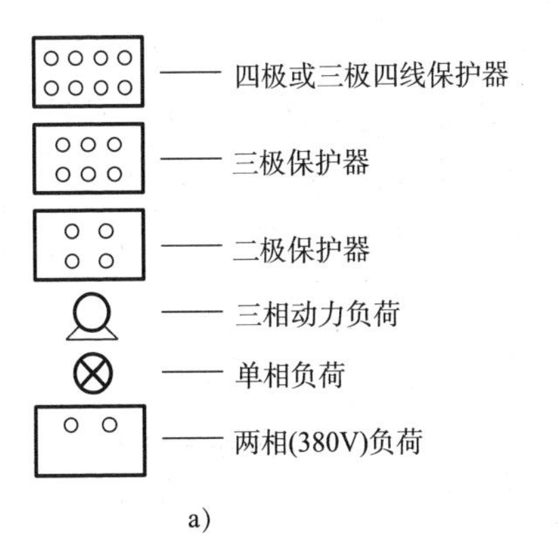

a)

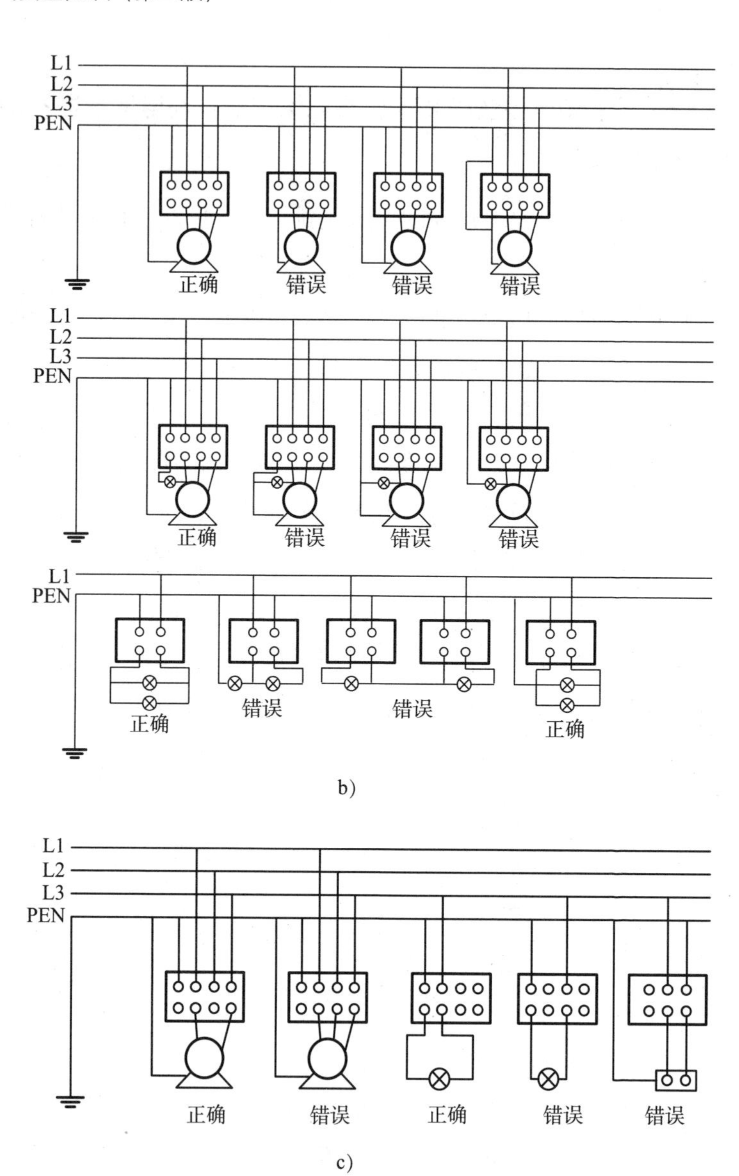

图 6—1　漏电保护器的接线

a）漏电保护器的图形符号　b）误动类　c）拒动类

186. 单相电气设备有哪些特点?

(1) 单相电气设备在生产、生活中应用很广、数量很大，人们接触机会较多，这就大大增加了触电的机会，是安全用电中不可忽视的。

(2) 单相电气设备除固定装置外，大部分具有流动性，工作中还常在操作者手中，因此对绝缘、导线、开关、电源装置接地（接零）保护要求很高。

(3) 单相电气设备由于在三相系统中只用其中一相，如果分配不好，容易导致三相电流不平衡，造成三相电压的偏移，增加了系统的故障率。

(4) 单相电气设备通用性很强，其中家用电器、办公用电器占了很大的比例，非专业电工使用机会多，也大大增加了触电机会。据不完全统计，触电事故80%左右是单相触电。

(5) 单相用电设备单机容量小，容易产生不被使用单位或使用人员重视的现象，从安全、使用、维修或管理上讲，都必须注意和重视单相电气设备的安全问题。

187. 单相电气设备运行时应注意哪些安全事项?

(1) 单相电气设备的安装接线及使用中，都应尽量保持其三相负荷的平衡，使中性点的电压偏移保持在允许范围以内。

(2) 三相四线系统中的工作零线的截面积至少应为相线截面的1/3，单相系统的工作零线应与相线的截面积相同，以保证电流畅通。

(3) 单相电气设备应装置漏电保护装置，此外应加强线路及设备的绝缘，并装设其他保护装置，如过负荷、短路、接地保护等。

（4）单相电气设备的供电线路应采用三相五线制或单相三线制，电气设备的金属外壳必须经保护线接零。

（5）加强管理，电器安装维修应由电工进行，禁止乱接乱拉。

（6）普及安全用电知识，让使用人掌握安全用电技术，降低触电率。

188. 低压电气设备安装的主要要求有哪些？

（1）落地安装电气设备，底面一般应高于地面 50～100 mm。

（2）操作手柄中心距地面一般为 1.2～1.5 m，侧面操作的手柄距建筑物或其他设备不小于 200 mm。

（3）排列整齐，便于操作。

（4）安装牢固，内部不受额外应力。

（5）有防振要求的电气设备应加装减振装置。

189. 电动机的温度和温升有什么区别？

电动机的温度是指电动机各部分实际发热温度，对电动机的绝缘影响很大。为了使电动机绝缘不至老化和破坏，对电动机绕组等各部分的温度限制，就是电动机的允许温度。温升就是电动机温度比周围环境温度高出的数值。即：

$$\theta = T_2 - T_1$$

式中　θ——温升；

T_1——环境温度（不许超过 40℃）；

T_2——发热状态下绕组的温度。

190. 为什么测定电动机各部分温度不宜使用水银温度计？

准确测定电动机各部分温度给正确判断电动机故障提供了一个依据。通常使用手触摸电动机外壳的方法来估计电动机温度，这种方法不准确，若要准确测定电动机温度，可用温度计。

不宜使用水银温度计测定电动机温度，而应选用酒精温度计。因为电动机定子绕组产生的磁场对水银温度计的测试结果有影响，极易产生测量误差。当然，也可用电阻法测量电动机各部分的温度。

191. 为什么容量较大的三相异步电动机不宜直接启动？

电动机定子绕组直接加额定电压启动称为直接启动或全压启动。笼形转子交流异步电动机启动，除电源变压器容量特别小或特殊情况以外，低压配电系统电动机的容量在 10 kW 以下时，可直接启动。对于容量超过 10 kW 的电动机，经常启动时，电压损失 $\varepsilon=10\%$；不经常启动时，电压损失 $\varepsilon=15\%$，允许直接启动。

三相异步电动机直接启动时电流较大，可达到额定电流的 6～8 倍。电动机容量越大，直接启动电流也越大。因此，在电动机启动瞬间会使电网电压降低。电源变压器容量越小，启动电动机容量越大，电网电压下降越厉害。这不仅使电动机本身启动困难，还影响同一电网电压下工作的其他电动机和电气设备的正常运行，而且电动机和线路上的电能损耗也会增大，造成电能浪费。一般电动机直接启动电流不超过变压器额定电流的 20%～30%时，可以直接启动，否则，应采取措施限制启动电流。

192. 电动机启动前要做哪些检查？

电动机在启动前应对电动机进行检查，这不仅关系到电动机本身能否安全运行，也关系到操作者的人身安全及其他事故的发生。因此，启动前对电动机进行检查是非常必要的。电动机启动前应做如下检查：

（1）进行绝缘电阻的测量：电压在 1 kV 以下、容量在 1 000 kW 以下的电动机，测得的绝缘电阻值应不低于 0.5 MΩ。

（2）检查电动机的保护接地（接零）线是否良好。

（3）检查电动机额定电压与电源电压是否相符，绕组接线方式是否正确，启动设备接线是否正确、牢靠和能否正常工作。

（4）检查电动机轴转动是否灵活，有无扫膛、卡阻现象。

（5）检查传动带是否过紧或过松，有无断裂，联轴器连接是否完好。

（6）检查开关容量是否合适，熔丝大小是否符合规定，安装是否牢固。

（7）检查电压是否正常，电压波动在±10%内允许启动。

193. 启动电动机时应注意些什么？

电动机在启动前应注意电动机附近是否有人或其他杂物，以免造成人身和设备事故。

电动机接通电源后，如果出现电动机不能转动或启动很慢，声音不正常及传动机械不正常等现象，应立即切断电源检查原因。

启动多台电动机时，应从大到小有秩序地一台一台启动，不能同时启动，以免过大的启动电流造成线路压降过大或引起开关跳闸。

电动机应避免频繁启动或尽量减少启动次数（特殊用途电动机除外），因为电动机启动时电流很大，频繁启动或启动次数较多会使电动机发热，影响其使用寿命。

194. 为何禁止异步电动机长期处于启动工作状态？

异步电动机在启动工作条件下，由于启动电流大，定、转子铜耗大，发热严重。另外，启动时电动机转速较低，散热条件较差，若异步电动机长期处于启动条件下运行时，将使异步电动机的温升升高，严重时超过允许值，会缩短电动机的使用寿命。因此，异步电动机禁止长期处于启动条件下运行。

异步电动机堵转是启动的一种特殊运行状态。此时定子绕组所加的电压为额定电压，电流将达到额定电流的 4～7 倍，定、转子绕组严重发热。因为转速为零，散热条件极端恶劣，若不及时处理，将导致电动机很快烧毁。因此，在使用中应防止机械卡阻。电动机带重负载启动时，尤其要避免堵转运行。

195. 什么叫异步电动机的启动性能？电源电压过高或过低对电动机启动有什么影响？

异步电动机的启动性能主要涉及两方面的问题，一是启动电流，二是启动转矩。

电源电压的高低将直接影响电动机的启动性能，当电源电压过低时，定子绕组所产生的旋转磁场减弱。由于电磁转矩与电源电压的平方成正比，所以电动机的启动转矩不够，造成电动机启动困难，时间过长，甚至会烧毁电动机。当电源电压过高时，定子电流剧增，导致定子绕组发热而超过允许范围。所以规定电动机只有在电源电压波动范围为±10％的情况下方可长期运行。

196. 异步电动机常采用的保护方法有几种？

（1）短路保护。常采用熔断器和断路器。使用断路器时，开关的瞬时脱扣器动作电流应整定为电动机启动电流的 1.35 倍（DW 型）或 1.7 倍（DZ 型）。

（2）过流保护。常采用热继电器保护过载和断相。

（3）过电压和欠电压保护。常采用电压继电器，电动机允许在电压上升 10％或下降 5％的情况下使用。

197. 异步电动机的笼形转子断条如何判断？

对于异步电动机的转子，一般常见的故障是转子条断裂造成电动机不能正常运转。

电动机在正常运行时，转子断条将使转速下降，带不动负载，定子电流增大。若停车后再次送电启动，电动机转子只是稍微左右摆动，而不能运转，这时必须停车检查，检查方法如下：

用调压器将三相 380 V 电压降到三相 100 V 左右，接入定子绕组，并在其中一组串接一块电流表，再用手使转子慢慢转动。如果鼠笼条是完好的，则电流表均匀地微弱摆动；如果转子有转子条断裂，则电流有突然下降的现象出现。这时应拆开电动机，取出转子，再用短路侦察器准确地判定断条的位置，方法如图 6—2 所示。确定断条后，可将断条取出，用一相同截面的铝条（铜条）换上，端部可采用硼砂气焊，焊住即可。

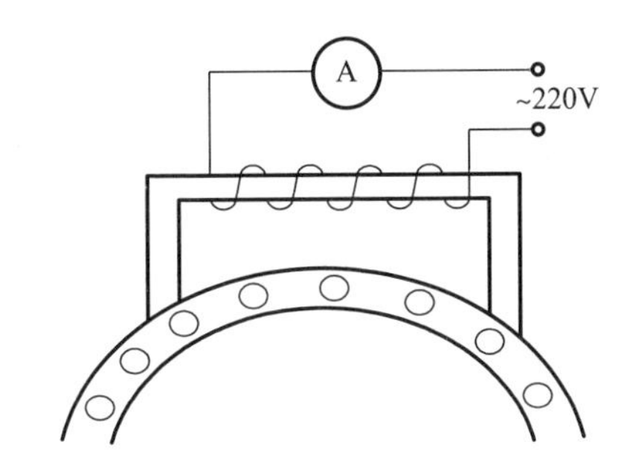

图 6—2　异步电动机鼠笼转子断条检查方法

198. 为什么三相异步电动机定子绕组出线端不能接错位置?

三相异步电动机定子的每相绕组都有两个出线端，其中，一端为首端，另一端为尾端。三相绕组六个出线端分别用 U_1、U_2、V_1、V_2、W_1、W_2标注，分为两组，其中 U_1、V_1、W_1与 U_2、V_2、W_2分别为三相绕组的同极性端，即首端和尾端，按要求接到接线盒中。电动机运行时，按要求应将定子绕组接成星形或三角形，接线时两组出线端可以一起颠倒使用，如 U_1、V_1、W_1作首端，而 U_2、V_2、W_2作尾端；也可将 U_2、V_2、W_2作首端，而 U_1、V_1、W_1作尾端使用。不允许将其中一相绕组两端颠倒使用，否则，将出现接线错误，产生很大的电流，轻则电动机不能启动或运行，若长时间运行将使电动机过热，影响寿命；重则烧毁电动机绕组，或造成电源短路。

199. 为什么三相异步电动机不允许低压运行?

三相异步电动机的电磁转矩与定子绕组电压的平方成正比，当电网电压降低时，电动机的电磁转矩随电压成平方关系下降。在额定负载转矩不变时，运行中的异步电动机，为保持电磁转矩与负载的阻力转矩相平衡，迫使转子电流急剧增大，轻则缩短电动机的使用寿命，重则烧毁电动机。若电网电压偏低时，应减轻电动机的负载或禁止电动机投入运行。

200. 为什么三相异步电动机工作电源频率不宜超过允许值？

我国规定，交流电源额定频率为 50 Hz。当电源电压为额定值时，电源频率的波动范围不得超过±1%，即电源频率允许在 49.5～50.5 Hz 范围内波动，以保证接入电网的异步电动机和其他用电设备正常工作。

当电源频率偏高时，电动机的启动转矩和最大转矩都减小，对电动机启动和正常运行不利。

当电源频率偏低时，电动机的励磁电流增大，铁损增大。同时，电动机转速下降，通风冷却效果变差，导致电动机温度升高，使用寿命降低，甚至会烧毁电动机定子绕组。

201. 为什么新装的三相异步电动机其转向不可忽视？

实际使用三相异步电动机的机械大多数都有确定的转向，所以，在新装或调换电动机时，不可随意连接电动机的三相电源线，而应该按机械转向的要求来确定三相电源的相序，以保证机械的正常运转。若电动机转向不符合要求，轻则机械不能运行，重则损坏生产设备，因此，不可忽视电动机转向。判别电动机转向是否符合要求，只需在电动机空载时，通电试一下即可。若发现转向相反，应对调任意两根电源线的接线端，这样电动机转向就会满足机械的要求。

202. 为什么三相异步电动机不能缺相运行？

三相异步电动机电源缺相时，将无法启动，且有“嗡嗡”声。在电动机运行中出现电源缺相时，电动机仍可继续运行，但电动机出力降低，在不减轻负载的情况下，没有断的相电流增大，而使电动机温度升高，不能正常运行，长时间将会烧毁电动机。

三相电源缺相时，电源由三相对称变成了单相，电动机内的磁场由原来的圆形旋转变成了脉振磁场，它相当于两个转向相反的圆形旋转磁场。其中正向放置磁场将产生一个正向转矩使电动机转子继续旋转，但这一转矩比原来的电磁转矩降低了许多。反向放置磁场将产生反向转矩，会抵消一部分正向转矩，使本来就降低了的电磁转矩又降低了许多，故使电动机的出力大大降低，电动机运行困难，必须停止运行。反向放置磁场同时还产生附加损耗而使电动机发热，故电动机不允许长时间缺相运行。当电动机在运行中发生电源断相时，应由保护装置使电动机退出运行。

造成电源缺相的原因很多，如电源开关某一相接触不良、电动机绕组断线、机械损伤使电源断线等。因此，工作中应加强检查维护。

203.为什么三相异步电动机不得在电网电压严重不平衡的情况下运行?

电网电压三相不平衡是指三相线电压数值不相等或其相位差不是120°。电网三相电压严重不平衡时，将使定子、转子绕组电流改变，感应电流不对称。例如，当电网线电压不平衡度仅为4%时，异步电动机线电流不平衡度可达25%，会引起电动机的附加损耗和发热，同时使感应电动机的电磁转矩减小，电磁噪声增大。国家标准规定，任一相电压与三相电压的平均值之差不得超过5%，否则，电动机不得投入运行。

204. 造成异步电动机三相电流严重不平衡的原因有哪些?

异步电动机正常运行时，无论是空载还是负载，只要三相电压对称，三相电流总是平衡的。如果三相电流不平衡，其中任一相电流偏离三相电流平均值超过10%时，说明电动机出现了故障，应该及时停止运行。造成三相电流不平衡的原因有下列几种：

（1）某相电压降低太多、缺相将造成异步电动机的三相电流严重不对称。所缺相的电流为零，而另外两相电流急剧上升，这是三相电流不平衡的最严重情况，应尽快停止运行。

（2）电动机绕组中某条支路断路也会造成严重的三相电流不平衡。电动机不能正常出力，应迅速停机。

（3）电动机绕组中发生相间、匝间或接地等短路故障。如果短路故障严重，熔丝将熔断；如果短路故障不十分严重，熔丝不能熔断。三相电流不平衡，含有短路故障的绕组电流很大，引起该绕组发热严重，时间稍长，将形成恶性循环，导致故障进一步扩大，此时应停机检查。

（4）对于修复后（定子绕组重绕）的电动机，若三相绕组接错或接反，将使三相电流不平衡。应仔细检查绕组接线，否则，禁止运行。

205. 为什么星形连接的异步电动机不能接成三角形运行?

定子绕组为星形连接的异步电动机，其定子每相绕组实际承受的电压是电动机额定电压1/3倍。若把星形连接的电动机误接为三角形运行，其每相定子绕组承受的相电压就为电动机额定电压，即达到了绕组所能承受电压的3倍。绕组电压升高后，铁芯将高度饱和，定子电流急剧增加，可达电动机额定电流的数倍，会使定子绕组严重过热而烧毁。

206. 异步电动机绝缘电阻测量的步骤是什么？

异步电动机绝缘电阻的大小反映了电动机绝缘的好坏，一般用兆欧表测量。异步电动机绝缘电阻的测量，主要是测量两相绕组间和每相绕组与机壳之间的绝缘电阻值。通常 500 V 以下的电动机选用 500 V 兆欧表测量，500～1 000 V 的电动机选用 1 000 V 的兆欧表测量，1 000 V 以上的电动机选用 2 500 V 兆欧表测量。普通中小型低压电动机的绝缘电阻值应不小于 0.5 MΩ，高压电动机每千伏工作电压的定子绕组的绝缘电阻值应不小于 1 MΩ，绕线式异步电动机转子绕组的绝缘电阻值应不小于 0.5 MΩ。

绝缘电阻的测量步骤：

(1) 先将电动机接线盒内六个端子的连片拆开。

(2) 将兆欧表放平，使“L”（“线路”）和“E”（“接地”）端子呈开路状态，摇动兆欧表手柄至 120 r/min，看表针是否指向“∞”处，若指向“∞”处，再将表的“L”（“线路”）和“E”（“接地”）两个接线柱短接，慢慢摇动手柄，看表针是否指向“0”处，若指向“0”处，说明兆欧表正常，可以使用。

(3) 测量时，将“L”和“E”两接线柱分别接至任意两相绕组的任一端上，平放兆欧表，以 120 r/min 匀速摇动兆欧表 1 min 后，读取表针稳定的指示值。

(4) 以同样的方法，依次测量绕组与机壳间的绝缘电阻，使用时，应注意“E”与机壳的可靠连接。

如果通过测量发现电动机的绝缘电阻值不合要求，应对电动机进行处理，提高绝缘电阻值。处理方法是：对长期不用的电动机，应做干燥处理；对经常使用的电动机，应清除电动机绕组上沉积的炭化物质；如果是因电动机绕组过热，绝缘老化、破裂或脱落，应重新浸漆烘干或重新绕制绕组。

207. 为什么笼形转子异步电动机的绕组对地不需绝缘，而绕线转子异步电动机的绕组对地必须绝缘？

笼形转子异步电动机可看成一个多相绕组，其相数等于一对磁极的导条数，每相匝数等于 1/2 匝。由于每相转子感应电动势一般都很小，加之硅钢片电阻远大于铜或铝的电阻，所以绝大部分电流从导体流过，不用对地绝缘。

绕线转子异步电动机的绕组中，相数和定子绕组相同，每相的匝数也较多，根据法拉第电磁感应定律 $E=n\Delta\varphi/\Delta t$（$E$ 为感应电动势，n 为感应线圈匝数，$\Delta\varphi/\Delta t$ 为磁通量变化率）可知，绕线式转子每相感应电动势很大。这时若对地不绝缘，就会产生对地短路甚至烧毁电动机。

208. 绕线转子异步电动机电刷冒火花是何原因？该如何处理？

绕线转子异步电动机电刷是它本身传导电能的一个重要部分，它的好坏直接影响电动机的正常运行。由于电动机长期运行磨损，造成集电环不平或不圆、电刷压力不均及更换新电刷后磨制不好，由于轴承上的油滴或其他杂物落到集电环与电刷之间，造成电刷冒火花。消除电刷冒火花的方法主要是根据具体情况调整电刷的压力，用细砂纸磨光，并把集电环加工圆，用干净的棉纱稍蘸汽油擦净集电环和电刷，消除轴承及电刷上的油污，做好集电环与电刷的防护措施。

209. 为何可逆运行的直流电动机电刷不得偏离几何中心线？

直流电动机是由电刷和换向器将外电路与电枢电路连接到一起的。为满足电机由电动机运行状态转向发电机运行状态而产生直流电能的要求，当电枢绕组元件从一条支路经电刷短接后进入另一条支路时，元件中的电流改变方向，称为换向。为减小换向火花，被短路的绕组元件应处于几何中心线上。电枢反应使运行中电机的物理中性线偏离几何中心线一个角度，这样对换向不利。因此，对于不可逆旋转的中小容量电机，可采用移动电刷的方法来改善换向，即电动机逆转向移动电刷、发电机顺转向移动电刷，一般移动 1/3 换向片厚的距离。而对于可逆运行的电动机，电刷必须处于几何中心线上。

210. 为什么直流电动机不得在有腐蚀性气体或尘埃及潮湿的环境中运行？

直流电动机正常运行时，换向片表面有一层暗褐色的光泽层，即氧化亚铜保护层。它的存在能使电刷与换向片间的接触电阻增大，从而减小了电刷下的短路电流，降低了换向器的磨损程度，达到了改善换向器工作条件、减小换向火花的目的。若要在换向片上形成一层氧化膜，需要一定的条件，即周围环境中要有足够的氧气。在氧气不够充足的情况下（如高空和高原地区），换向片表面不易形成氧化膜。

换向片表面氧化膜形成后，有利于改善直流电动机的换向。但是，当周围环境中有腐蚀性气体和尘埃存在时，则将破坏已经形成的氧化膜。一旦氧化膜破坏后不能立即形成，则将增加换向难度，使磨损加剧。另外，直流电动机不宜在潮湿的空气中运行，否则，极易在电刷与换向片间形成一层湿膜，使接触电阻减小，火花增大。因此，直流电动机不得在有腐蚀性气体和尘埃及潮湿的环境中运行。

211. 直流电动机的电刷压力如何掌握？

直流电动机电刷的压力是电刷上的弹簧施加的，其大小有一定的规定，如果弹簧的压力过大，不但使电动机在运转时发出噪声，而且会使电刷磨损太快，发热过度，温升过高，影响使用寿命。如果因为使用过久或其他原因而使弹簧变软，压力减小，则电刷不能很好地与换向片接触，会引起火花，影响电动机的正常运行。

要经常检查弹簧对电刷的压力。尤其是更换新电刷时，更要很好地调整弹簧的压力。加在电刷上的压力与电刷和换向器的接触面积有关。接触面积越大，所加的压力越大；接触面积越小，所加的压力越小。一般要求压力为 1.5～2.5 N/mm^2，其压力大小可采用弹簧秤测量。

212. 电刷与换向片接触不良的原因有哪些？怎样检修？

电刷与换向片接触不良会在电刷边缘上引起火花。产生接触不良的原因很多，如有油污、沙石或其他碎屑黏附在电刷上面、电刷材料不符合要求、电刷型号不一致、电刷与刷握配合太紧或太松、新安装电刷研磨不好等。

检修时，可用 00 号玻璃细砂纸或用换向器磨石，先把换向器打磨光滑。然后再用 0 号或 00 号细砂纸压在电刷和换向器表面上，两端不要拉起。前后移动电枢，使电刷与换向器表面的接触面积大于 75%，然后拿掉砂纸，刷净碳屑杂物，再用旧布把换向器和电刷清理干净，但不允许用纱头（回丝）来擦。电刷磨损大于原高度的 1/2 时，应该更换新电刷。

213. 电刷牌号应如何选择?

不同牌号的电刷具有不同的接触电阻。接触电阻大一些，换向性能较好，但若过大，又会造成电刷接触电压降增大，使接触处的损耗增加。因此，在选择电刷时，要根据具体的电动机来考虑。对一般中小型电动机，应采用 S－3 石墨电刷；对牵引电动机、电车电动机、龙门刨电动机等，应采用接触电压降较大的硬质电化石墨电刷，如 DS－8、DS－14、DS－74B；而对低电压大电流（6～60 V 以下）的电动机，应采用接触电压较小的含铜石墨电刷，如 T－1 和 T－5。如需减小换向器的磨损时，应采用软质电化石墨电刷，如 DS－4 和 DS－72。

214. 为什么直流电动机的电枢绕组不允许短路或断路?

正常的直流电动机的电枢绕组是一条闭合的支路，如果电枢绕组出现部分绕组间短路或断路，直流电动机将不能正常运行。

若电枢绕组短路，则使该支路电流增大，绕组过热，以致发出焦臭味，甚至冒烟，与线圈相连接的换向片发热变黑。若电枢绕组断路，将造成电动机启动困难，电动机转速降低，有时会出现冲击式动作。另外，当直流电动机带上负载后，随着电枢的转动，各组电刷依次轮流出现急速火花，很快即可烧坏接通短路线圈的两个换向片。

电枢绕组断路常常是由于换向器铜片上引出松脱或引线端焊接不良所致。只要把引线从铜片上拆下加以处理，再将它焊接在原来的位置上即可。如果断路是由于线圈中导线断开造成的，可把断路线圈两引线相接的铜片跨接。对于短路的线圈，确定短路点后，如果线圈短路是由于换向器上铜片短路所致，可将该短路铜片上的两根导线甩出焊在一起，并将接头包扎好，再把短路铜片焊接起来，然后把电动机装好通电试验。如无火花即表明修好，否则该铜片上的这只线圈必须割断跳接不用。

215. 串励直流电动机为什么不能空载运行？

串励直流电动机的气隙磁场是随着电枢电流的变化而变化的，因此，电动机转速也随着负载的轻重而变化。这种关系使得串励直流电动机的机械特性变软。

串励直流电动机空载时，电枢回路基本没有电流流过。为了平衡电枢两端的电压，需要产生足够大的电枢电动势。但由于电枢电流很小，串励绕组产生的磁动势也很小，故对应的气隙磁通很弱。电动机要产生足够大的电枢反电动势，只能通过提高电动机电枢的转速来实现，使得电动机出现所谓的“飞车”现象，这是直流电动机不允许出现的运行状态。因为“飞车”会使电动机的换向条件严重恶化，很快磨损电刷和换向器。同时，过高的转速会危害电动机的机械结构，甩坏电枢绕组，甚至发生人身事故。所以串励直流电动机绝对不允许在空载下运行。通常在使用串励直流电动机时，规定生产机械与电动机轴间禁止使用皮带传动，电动机不允许空载运行，轻载运行时的最小负荷也不得低于额定负载的25％。

216. 直流电动机不宜在哪些情况下换向？

（1）电刷与换向器接触不良或电刷压力不合适。

（2）换向器表面不良或云母片高出换向片且有毛边。

（3）电刷磁极的几何中心线位置不对。

（4）换向器有油污或空气中有油雾。

（5）在一个换向器上使用电阻率相差悬殊的两种电刷。

（6）刷握与换向器的表面距离太大。

（7）电刷研磨不好且间距不等。

（8）换向器拉紧螺丝松动。

（9）换向极、补偿绕组、并联回路接线不良。

（10）磁场或电枢绕组短路。

（11）周围空气中有有害气体和耐磨性尘埃。

（12）电刷的润滑性能差或形成氧化膜能力差。

217. 直流电动机不允许长时间过载运行的原因是什么?

电动机的额定运行是指电动机制造厂按国家标准，根据电动机的设计和试验数据而规定的电动机正常运行状态和条件。当直流电动机额定运行时，电枢电流也对应有一额定数值，一旦电枢电流越过额定电流，即造成电动机的过载运行，电动机的输出功率也就超过了电动机的额定功率。

直流电动机的换向器、电刷及电枢绕组的线径等均是按额定的电枢电流数值的大小来选择的。直流电动机在其额定电流下可长期运行，不会出现不良现象。一旦电动机的电枢电流超过额定值，对电动机的换向不利。过载越严重，对电动机换向越不利。若短时间过载运行，对电动机的危害不大；若电动机长时间过载运行，就会损坏换向器和电刷，严重时甚至会烧毁换向器。同时，长期过载运行也使电动机的温升升高，严重时会超过电动机的允许温升，降低电动机的使用寿命。

因此，直流电动机不允许长时间过载运行。

218. 复励直流电动机的串励绕组接反会有什么后果?

复励直流电动机的励磁绕组由串励绕组和并励绕组两部分组成，

当两部分绕组建立的磁动势方向一致时，称为积复励，反之称为差复励。

当电动机接成积复励且空载或轻载时，气隙磁场主要由并励绕组磁动势建立，其机械特性接近并励直流电动机的机械特性，比较硬。复励直流电动机负载加重后，串励绕组磁动势建立的气隙磁场越来越强，对应的机械特性同串励直流电动机的机械特性相近，特性变软。因此，积复励直流电动机的机械特性介于串励和并励直流电动机的机械特性之间。同时，由于串励绕组的存在，可保证不会由于负载后电枢反应去磁过强而出现机械特性上翘的现象，即保证了复励直流电动机的稳定运行。

实际应用时，若将积复励直流电动机的串励绕组接反，就变成了差复励直流电动机，在空载或轻载运行时，其机械特性仍接近并励直流电动机。但负载加重后，因串励绕组磁动势的去磁作用使电动机气隙磁通减小，引起机械特性上翘，这不利于电动机带负载稳定运行。因此，复励直流电动机的串励绕组不允许接反。

219. 罩极电动机的罩极绕组经常烧坏应如何修理？

罩极绕组是自成闭合回路的短路线圈。当它完成了启动任务、使电动机达到正常转速后，仍存在着短路电流。如电动机长时间使用，将使罩极绕组发热，时间过久就会烧坏罩极绕组。

修理的办法是将罩极绕组重新绕好，同时把两线圈的头、尾用多股软线引出电动机，用一单相刀开关完成启动任务，当电动机达到正常转速时，将刀开关断开，如图 6—3 所示。这样罩极绕组就不存在短路电流，也不会产生热量了。

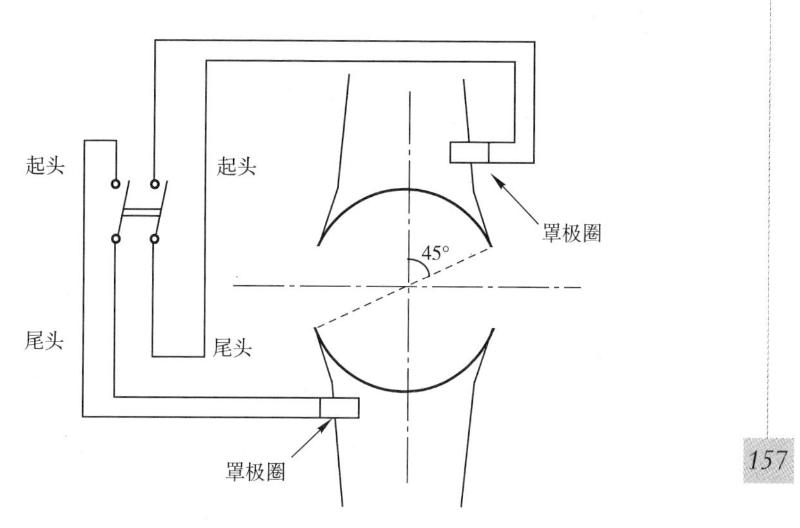

图 6—3 罩极绕组修理方法

另外，由于多数分相式单相电动机为全封闭式，散热条件差，离心开关若出现故障不便立即处理，故采用以上方法也是可以的。

220. 绕制线圈时有哪些注意事项？

绕制线圈可用手动或电动机进行。将绕线模板固定在绕线的主轴上，通过出线板将导线作适当拉紧，以保证在绕线时有一定的紧度。这样可以使导线在线模上能够紧密平整地排列。

绕制时，线圈的始端要留有一定的长度，一般是由右向左绕，导线在线模上要排列整齐，不得重叠或交叉。对于连续绕组，最好是连续绕制，不要剪断连接线。按规定匝数绕制完后，要留有一定长度的接线头，并用扎线绑紧。

在绕制过程中，如果导线折断，可将导线断头拉到线圈的端部进行焊接，严禁在线圈的有效边进行焊接。因为线圈的有效边是槽内部分，在嵌线时由于承受机械力而容易损坏。

221. 重绕定子绕组嵌线后，怎样检查接线有无错误？

电动机定子绕组嵌线后，假如极相组或某一个线圈接反，特别是 40 kW 以上大容量电动机，如果直接通电试车，往往因为电流过大而造成事故，甚至损坏定子绕组。为了避免这种事故的发

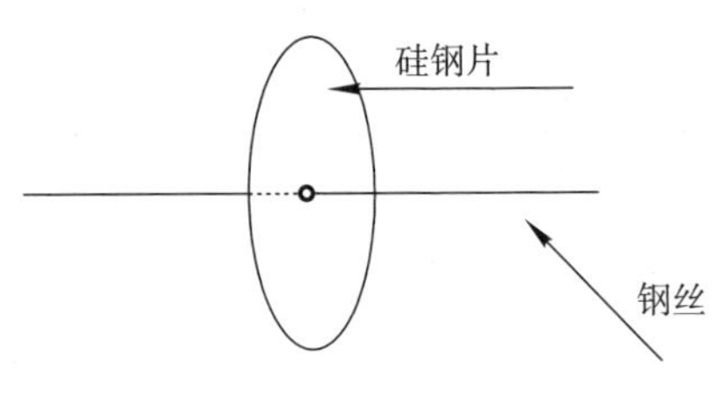

图 6—4　定子绕组嵌线后检查方法

生，可用硅钢片剪一圆形铁片，中间钻一孔，套在一根钢丝上作为可动转子，如图 6—4 所示。

定子绕组通入 30%～50%的额定电压后，硅钢圆片立即转动。若极相组接线有误，硅钢圆片转动不正常。特别是将硅钢圆片沿顶子表面（即顶子内圆表面）中心放置时，无论是极相组还是某一个线圈接线有误，硅钢片都会停止旋转，这样就可以发现问题的所在，以便及时排除。

222. 电动机维护工作主要有哪些？

电动机运行一段时间后，应当进行一些周期性的维护保养工作，适时地进行维护和保养能够满足电动机的工作条件，增长电动机的使用寿命，而且能够及时发现问题，避免人身和设备事故。电动机维护工作主要包括以下几个方面：

（1）电动机周围的环境应保持清洁。

（2）用仪表检查电源电压和电流变化情况。一般电动机允许电压波动范围为额定电压的±10%，三相电压不平衡不得超过 5%，三相电流不平衡不得超过 5%，并要注意判断是否缺相运行。

（3）定期检查电动机的温升，其温升不得超过最大允许值。

（4）监听轴承有无异常杂音，密封要良好，并定期更换润滑油。关于换油周期，一般滑动轴承为 1 000 h，滚动轴承为 5 000 h。

（5）注意电动机的声响、气味及振动情况。正常运行时，电动机应声音均匀、无杂音和特殊声响。

223. 影响电动机安全运行的主要因素有哪些?

影响电动机安全运行的因素主要有选择、使用不当，维修、保养不够，电网供电质量不好等因素。在运行中造成接地、断相、电压波动太大、保护接零（接地）不良、频率过低、线路接错等现象，这些都能造成人身和设备事故。

224. 为什么电动机绕组接线不应忽视接触不良？导致接触不良的原因有哪些?

在电动机绕组中，线圈之间及线圈与引出线之间电气连接点表面形成的电阻，称为接触电阻。这种接点若有松动，则接触电阻就会增大，电流通过时其温度会升高，此现象即为接触不良。

当发生接触不良时，接点处温度升高，而且温度越高，氧化越快，接触电阻就越大，发热就越严重。如此恶性循环，直至接点处金属熔化烧断。在这一过程中，伴随有电火花闪络，产生电弧，烧毁绝缘材料，造成短路，甚至引发触电和火灾事故。

导致接触不良的主要原因有：

（1）安装质量差，例如虚焊或螺栓未拧紧。

（2）接头处不干净，有灰尘、氧化物、油污等杂质。

（3）受振动或冷热变化温差大使接头松动、脱焊。

225. 被水浸湿的电动机为什么不得用电流加热法烘干电动机绕组？

对于非常潮湿或被水浸湿的电动机，如果使用电流加热干燥法烘干，会因内部温度迅速上升而使绝缘胀裂，损坏电动机的绝缘。因此，在这种情况下，应该采用外部加热的方法烘干电动机的绕组，并且温度上升速度应控制在 8℃/h 左右；或者加热到 50～60℃，待大部分潮气排除后再继续加温。另外，使用电流法干燥时，电动机外壳必须可靠接地。除此之外，电流法烘干异步电动机绕组时还应注意以下几点：

（1）干燥前应清扫干净，特别是定子腔内。

（2）在调节控制温度时，温度不允许超过绕组绝缘等级所允许的最高耐热温度。用温度计法时，A 级不超过 95℃，E 级不超过 105℃，B 级不超过 110℃。

（3）加热时，一般升温速度不应超过 30℃/h，以免加热过快而损坏电动机绕组绝缘。

（4）在干燥过程中，一般每隔 1 h 用兆欧表测量一次绝缘电阻，并做好记录。当绝缘电阻连续稳定 6 h 不变时（5 MΩ 以上），烘干过程即可结束。

（5）在烘干过程中，为了保温，除必要的通风以排除潮气外，应尽量使电动机与周围空气隔绝。

226. 为什么不得采用火烧线圈的方法拆除电动机绕组？

在拆除旧绕组时，不得采用火烧绕组的方法。虽然这种方法拆除绕组较为省力，但是用火烧过的定子铁芯，其硅钢片间的绝缘和性能将受到破坏，涡流损耗加大，使电动机输出功率大大降低。拆除旧绕组的方法多种多样，一般采用通电加温软化的方法。其方法是：

（1）将绕组的连接引线拆除，对每一极相组施加60～80 V交流电压（可由电焊机二次获得），使绕组温度逐渐升高，待线圈绝缘软化到一定程度，立即切断电源并迅速拆除旧绕组，直至全部拆除。

（2）可将烧毁的绕组串接起来，施加220 V交流电压，使绕组温度升高，当绕组温度不足以使绝缘软化时，可适当减少串联绕组的线圈数，直至绕组绝缘软化到能拆除为止。

227. 电动机空载电流过大是什么原因？如何处理？

空载电流过大可能有下列原因：

（1）电源电压太高。设法降低电源电压。

（2）电动机本身气隙太大。仔细检查气隙大的原因，相应处理。

（3）定子绕组匝数不够。重新绕制。

（4）电动机装配不当。仔细检查各部位置，重新装配。

（5）Y形连接误接成△形连接。查清改换接线方式。

对于旧电动机，由于硅钢片老化或腐蚀，磁场强度减弱而造成空载电流太大。如果空载电流过大，则应重新绕线。对于小型电动机，只要空载电流不超过50%的额定电流，就可继续使用。

228. 机械部分故障对电动机启动和运行有何影响？

如果电动机启动困难、转速下降、有“嗡嗡”声等，除电气故障外，机械部分的故障也是一个重要因素。如小容量电动机因机械部分不灵活或卡住，使电动机启动困难或有“嗡嗡”声等。中小型电动机因机械部分被杂物卡住、轴承损坏、定子和转子相碰、固定螺丝松动等，会造成启动困难，甚至无法启动。应根据具体情况重换轴承、排除杂物、校正定子和转子间隙。

229. 电动机绝缘能力降低的原因是什么？如何恢复？

电动机绝缘能力降低的原因及恢复方法有以下几种：

（1）电动机绕组受潮，应烘干处理。

（2）绕组上灰尘及碳化物质太多，应清除灰尘。

（3）引出线和接线盒内绝缘不良，应重新包扎。

（4）电动机绕组过热老化，应重新浸漆或重新绕制。

230. 什么是电焊机的额定暂载率？额定焊接电流是什么情况下的电流？

额定暂载率是指在 5 min 时间内，焊接时间与总时间的比值，用百分数表示。额定焊接电流是在额定暂载率下的使用电流，这个电流大于连续使用情况下的许用电流。

231. 为什么在三相四线制系统中，电焊机二次线圈接零时，焊件本身不应接零？

因为如果焊件本身再接零，一旦电焊回路的接零线接触不良，大的焊接工作电流可能会通过焊件本身的接零线形成回路，而将焊件的零线烧毁。这样不但使人身安全受到威胁，而且容易引起火灾。

232. 电焊机在使用前应注意哪些事项？

新的或长久未用的电焊机，常由于受潮使绕组间、绕组与机壳间的绝缘电阻大幅度降低，在开始使用时容易发生短路和接地，造成设备和人身事故，因此在使用前应用摇表检查其绝缘电阻是否合格。即当 $R>\frac{U_e}{1\,000+P_e}\approx\frac{U_e}{1\,000}$（MΩ）是合格的。式中，$U_e$ 为额定电压；P_e 为额定功率；R 为绝缘电阻。

启动新弧焊机前，应检查电气系统接触部分是否良好，认为正常后可在空载下启动试运行，证实确无电气隐患时，方可在负载下试运行，最后才能投入正常运行。

直流弧焊机应按规定方向旋转，对于带有通风机的，要注意风机旋转方向是否正确，应使风由上吹出，达到冷却弧焊机的目的。

233. 交流电焊机常见故障有哪些？怎样消除？

交流电焊机常见故障及处理方法见表 6—3。

表 6—3　　　　交流电焊机常见故障及处理方法

故障现象	可能原因	处理方法
变压器响声过大，绕组发热	绕组线短路	应恢复线圈间绝缘，必要时重绕
产生过大电流，即使用调节器也不能减小	由于电抗线圈间短路及其端头间短路	应立即消除短路故障
调节器在焊接时响声不正常	电抗线圈紊乱，或拉紧活动铁芯的弹簧松开	应整理固定线圈，拉紧弹簧
铁芯及连接螺栓过热	绝缘破坏	应使其恢复
接线处过热	接触不良	应清理接触表面，并旋紧端钮，使之紧密接触

234. 直流电焊机常见故障有哪些？怎样消除？

直流电焊机常见故障及处理方法见表6—4。

表6—4　　直流电焊机常见故障及处理方法

故障现象	可能原因	处理方法
焊机过热	焊机过载 电枢线圈短路 换向器短路 换向器脏污	减小焊接电流 消除短路处 修理换向器 清除污垢
导线接触处过热	导线接触电阻过大或接线处螺丝松动	将接线松开，用砂纸或小刀将接触导电处清理出金属光泽，然后旋紧螺丝
电刷有火花，随后全部换向片发热	电刷没磨好 电刷盒的弹簧压力弱 电刷在刷盒中跳动或摆动 电刷架歪扭，超过容差范围未旋紧 电刷边直线未与换向片对准	维护研磨电刷，在更换新电刷时，不可同时换去大于换向器电刷总数的1/3电刷数 调整好压力，必要时可调换架框 检查电刷在刷握中的行动，电刷与刷盒夹中间隙不超过0.3 mm 检修电刷架 校正每组电刷，使换向片排成一直线
换向器片组大部分发黑	换向器振动	用千分表检查换向器，其摆动不应超过0.03 mm
电刷下有火花且个别换向器有炭迹	换向器分离，即个别换向片突出或凹下	如故障不显著，可用细油石研磨，如研磨后无效，则应上车床车削
一组电刷中个别电刷跳火	接触不良 在无火花电刷的刷绳线间接触不良，因此引起相邻电刷过载并跳火	仔细观察接触表面并松开接线，仔细清除污物 更换已损坏的电刷

235. Ⅰ、Ⅱ、Ⅲ类手持式电动工具在电气安全方面有何区别？哪些情况必须使用漏电保护装置？

（1）Ⅰ类工具在防止触电方面不仅仅依靠工具本身的基本绝缘，还应当有附加安全措施，即金属外壳必须有可靠的接零（地）保护。

（2）Ⅱ类工具依靠基本绝缘和双重绝缘或加强绝缘等来保护安全。

（3）Ⅲ类工具依靠安全电压来保障人员安全。

在潮湿或金属结构架上等导电良好的场所作业，使用Ⅰ类工具时，必须安装额定漏电动作电流不大于 30 mA、动作时间不大于 0.1 s 的漏电保护器。

236. 手持式电动工具检查的主要内容是什么？

（1）外壳、手柄是否有裂纹和破损。

（2）保护接零（地）线是否正确、牢固可靠。

（3）电源线是否完好无损，符合规定。

（4）插头是否完整。

（5）开关动作是否正常、灵敏、可靠。

（6）电气保护装置是否动作准确。

（7）转动部件是否灵活。

（8）定期测量绝缘电阻及耐压实验是否合格。

237. CJ10 系列交流接触器适用于什么场合？如何选择？

CJ10 系列交流接触器主要用于交流电压 380 V、电流 150 A 以下的交流电力电路中进行远距离接通与分断，并适宜于一般频繁地启动、停止和反转交流电动机之用。根据电动机容量选择交流接触器，数据见表 6—5。

表 6—5　　CJ10 系列交流接触器技术数据表

型号	额定电流（A）	联锁触点额定电流（A）	控制电动机最大功率（kW）	
			220 V	380 V
CJ10—5	5	5	1.2	2.2
CJ10—10	10		2.2	4
CJ10—20	20		5.5	10
CJ10—40	40		11	20
CJ10—60	60		17	30
CJ10—100	100		30	50
CJ10—150	150		43	75

选择接触器时，主触头的额定电流应大于或等于电动机的额定电流。吸引线圈允许在额定电压 85%～105%范围内使用，其电压等级有 36 V、110 V、127 V、220 V、380 V，可根据控制回路的电压等级进行选择。CJ10 系列交流接触器是全国统一设计产品，可代替 CJ0、CJ1 和 CJ8 等系列老产品。

238. 接触器在运行中有时会产生很大噪声是何原因?

接触器产生噪声的主要原因是衔铁吸合不好而致，造成衔铁吸合不好的原因有：

（1）铁芯端面吸合不好，接触不良，有灰尘、油垢或生锈。

（2）短路环损坏、断裂，使铁芯产生跳动。

（3）电压太低，电磁吸力不够。

（4）弹簧太硬，活动部分发生卡阻。

239. 电磁线圈损坏如何修复？

由于使用不当或其他原因将电磁线圈损坏，应重新绕制。绕制时导线直径可以由测量获得数据，但线圈数可用下式计算：

$$N=\frac{4Hlf_0}{\pi d^2}$$

式中　d——导线直径，mm；

H——线圈厚度，mm；

l——线圈的高度，mm；

f_0——线圈的填充系数，一般在 0.5～0.6 间选取。

240. 怎样消除继电器线圈断电后产生的火花？

继电器线圈断电后，由于电流的变化在线圈中产生自感电动势，自感电势会引起火花。消除火花有很多方法，但以电阻或二极管并联在线圈两端的灭火花电路较为常用。如图 6—5 所示，是利用电阻或二极管为线圈中的自感电势提供放电回路，以减小自感电势，达到消除火花的目的。

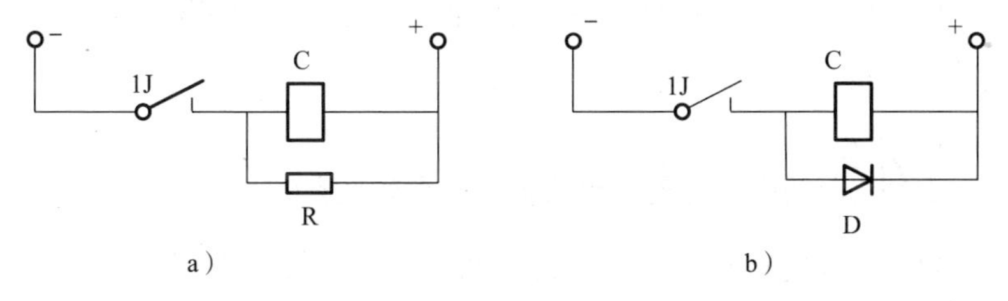

图 6—5　并联电阻和并联二极管的灭火花电路

a）并联电阻　b）并联二极管

241. 直流电磁铁动作缓慢是何原因造成的？

直流电磁铁接通电源后，由于电感的存在限制了电流的上升率，所以其动作缓慢。为提高动作速度，可在提高电源电压后，在线路中加一阻容加速电路，如图 6—6 所示。在通电的瞬时，由于电容两端电压不能突变，故全部电压加到线圈两端，

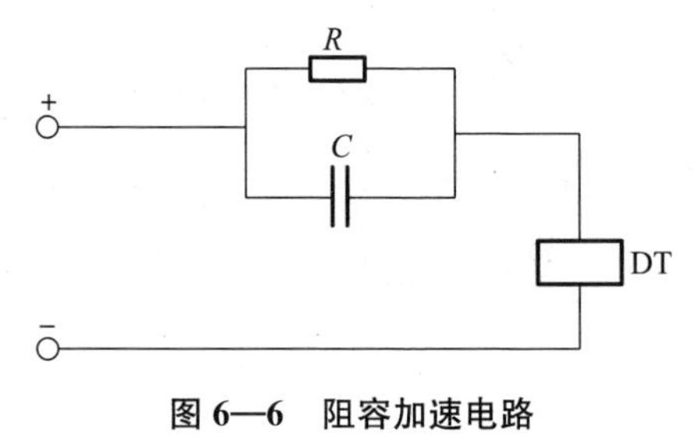

图 6—6 阻容加速电路

使其迅速动作。电容充电结束后，电压经电阻 R 降到线圈额定电压后加到线圈两端。这种方法也称强行励磁。

242. 设计机床电路应注意哪些事项？

为了使电路简单，而工作又要准确可靠，在设计电路时要注意以下几点：

（1）在电路中应尽量避免许多电器依次动作才能接通另一个电器的控制电路。

（2）在一条控制电路中，不能串联接入两个电器吸引线圈。

（3）设计控制线路时，应考虑到各个控制元件的实际接线，尽可能减少连接导线。

243. 机械作业时电气安全要求有哪些？

机械作业特点是地面金属占有系数高，一般在 40%～60%。要求车间电源进户处必须设立总闸，采用三线四线制或五线制供电，并有重复接地；每台设备有独立电源回路和短路保护，局部照明应使用安全电压，且灯具合格。

埋地管线要防砸，架空管线要避开吊车等起重设备。

电气开关箱、控制柜等附近不准放部件，以免影响操作和检修。

全部设备均应设保护零线，不准一些设备设保护接零、一些设备保护接地，即两种方式混用。接三相插座时，不准将插座接电源中性线的孔同接零线（地线）的孔串联，必须用两根导线分别独立引出，中性线孔接工作零线，地线孔接保护零线，不可混淆。

244. 起重作业时电气安全要求有哪些?

对固定安装的起重设备，如桥式起重机等，其两根轨道要和接地、接零干线相连接，轨道在建筑物伸缩缝处要用金属导体跨接良好。车上照明和电铃要用 12 V 安全电压或经双线圈变压器的 220 V 电压。起重钩头的钢丝绳容易碰到裸露触滑线的地方要加屏护。起重设备各种保护装置应齐全有效。司机室内地面要铺绝缘垫。电气设备要有防护罩，室外要有防雨措施。

对移动式起重设备，都要有良好的接地接零保护，馈电线应用橡套线，但不应拖在地面上来回移动。吊车不准在电力架空线路下面操作，工作时最大摆幅距侧面架空线 10 kV 以下为 2 m，1 kV 以下为 15 m。吊车总电源开关要就近安装，吊车上有分开关，工作场地迁移，必须断开总电源。室外使用电气箱、电机要有防雨措施。

建筑工地用的卷扬起重机，电源要就近安装，开关至设备的电线应使用重型护套线，并有防护，设备接地接零良好，并有防雨措施。

245. 起重机的主要保护方式有哪些?

（1）过电流保护。包括短路保护和过载保护。主要采用熔断器和电磁式过电流继电器。

（2）零压保护和欠压保护。零压保护的目的是遇到突然停电后，再来电时电动机不会突然启动；欠压保护的目的是电压低于整定值时，防止将电气设备烧毁而能自动停车的保护方法。零压保护和欠压保护是依靠主接触器本身来实现的。

（3）限位保护。用来限制起重机各运动部件行程位置，当运动部件达到极限位置时，使之自动停车。

（4）零位保护。当各控制器不在零位时，主要接触器不能吸合，即不能使启电动机开始工作，防止突然启动造成的强烈电气冲击和机械冲击。零位保护是借控制器串联在控制线路中的专用零位保护触头实现的。

（5）安全开关。防止主要电气设备带电时有人从驾驶室进入大车架或从大车两头跨入大车架发生事故。一般装在驾驶室上方舱门及大车两头的栏杆上，开关的触头串联在主控制线路中。

（6）紧急开关。在紧急情况下用以迅速停车。

246. 倒闸操作的基本要求有哪些?

（1）为防止误操作事故，变、配电所的倒闸操作必须填写操作票。

（2）倒闸操作必须两人同时进行，一人监护、一人操作，特别重要和复杂的倒闸操作，应由电气负责人监护。

（3）高压操作应戴绝缘手套，室外操作应穿绝缘靴、戴绝缘手套。

（4）如逢雨、雪、大雾天气在室外操作，无特殊装备的绝缘棒及绝缘夹钳禁止使用，雷电时禁止室外操作。

（5）装卸高压保险时，应戴防护镜和绝缘手套，必要时使用绝缘夹钳并站在绝缘垫或绝缘台上。

247. 倒闸操作应按照哪些基本程序进行?

（1）接受倒闸操作命令。应由上级批准的人员接受调度命令；受令人应自报站名和姓名，问清发令人姓名；受令人应记录发令人姓名、下令时间、操作任务、安全注意事项；受令人应将记录的全部内容向下令人复诵一遍，并得到下令人认可。对调度命令有疑问时，应与下令人共同研究，不得擅自处理。

（2）准备工作。由值班长组织值班人员做好以下准备工作：

1）明确操作任务和停电范围。

2）拟定操作顺序，确定挂地线部位、组数及应设的遮栏、标示牌；明确工作现场临近带电部位，并制定相应的安全措施。

3）分析倒闸操作可能遇到的问题及其预防措施。

4）明确人员分工。

5）填写操作票草稿，并经值班长审核、批准。

（3）填写操作票。操作人填写操作票；将调度命令填入任务栏；操作票填写后，由操作人和监护人共同复查，并经值班长审核无误后，分别签字，并填入开始操作时间。

（4）模拟板核对操作。与监护人一起在模拟板上进行核对操作。

（5）现场操作：

1）监护人按设备调度编号下达操作指令。

2）操作人手指操作部位，重复指令，监护人审核无误后，下达“执行”命令。

3）操作人执行操作。

4）监护人和操作人共同检查操作质量。

5）监护人在本操作步骤顺序号前面的指定部位打“√”后，再通知操作人下一步操作内容。

（6）质量检查与操作结束。对于远方操作的设备，必须到现场检查；检查完毕后在操作票上填入终了时间。

248. 如何填写倒闸操作票?

倒闸操作票的主要工作内容包括：应切合的开关和刀闸；检查开关和刀闸的位置；检查接地线是否拆除；检查负荷分配；装拆接地线；安装或拆除控制回路或电压互感器回路的保险器；切换保护回路和检查是否确无电压等。

下列工作应填用第一种工作票：

（1）高压设备上工作需要全部停电或部分停电的。

（2）高压室内的二次接线和照明等回路上的工作，需要将高压电气设备停电或采取安全措施的。

下列工作应填用第二种工作票：

（1）带电作业和在带电设备外壳上工作的。

（2）在控制盘或低压配电柜、配电箱、电源干线上的工作。

（3）二次回路上工作，无须将高压设备停电者。

（4）转动中的发电机、同期调相机的励磁回路或高压电动机转子电阻回路上的工作。

（5）非当值班人员用绝缘棒和电压互感器或用钳形电流表测量高压回路的电流。

下列工作可以不填工作票：

（1）事故处理。

（2）拉合开关的单一操作。

（3）拉开接地刀闸或拆除全厂（所）仅有的一组接地线。但上述操作应记入操作记录本内。

249. 倒闸操作中的安全责任如何规定？在操作中发生疑问时应怎样处理？

倒闸操作中的安全责任规定如下。

（1）工作票签发人的安全责任：

1）工作必要性。

2）工作是否安全。

3）工作票上填写的安全措施是否正确、完善。

4）所派的工作负责人和工作班人员是否适当和足够，精神状态是否良好。

（2）工作负责人（监护人）的安全责任：

1）正确安全地组织工作。

2）结合实际进行安全教育。

3）督促、监护工作人员遵守《电业安全工作规范》。

4）负责检查工作票所载安全措施是否正确完备，和值班员所做的安全措施是否符合现场实际条件。

（3）工作许可人的安全责任：

1）负责审查工作票所列安全措施是否正确完备，是否符合现场条件。

2）工作现场布置的安全措施是否完善。

3）负责检查停电设备上有无突然来电的危险。

4）对工作票所列内容，即使发生很小疑问，也必须向工作票签发人询问清楚，必要时应要求作详细补充。

（4）工作班组成员的安全责任：

1）认真执行《电业安全工作规程》和现场安全措施，互相关心施工安全，并监督规程和现场安全措施的实施。

2）在操作中发生疑问时，不准擅自更改操作票，必须向值班调度员或值班负责人报告，弄清楚后再进行操作。

250. 在工作许可制度中，工作许可人在完成施工现场的安全措施后应做哪些工作？

（1）会同工作负责人到现场再次检查所做的安全措施。以手触试，证明检修设备确无电压。

（2）向工作负责人指明带电设备的位置和注意事项。

（3）和工作负责人在工作票上分别签名，办完手续后，工作班方可开始工作。

251. 在工作监护制度中，工作负责人在完成工作许可手续后应做哪些工作？

完成工作许可手续后，工作负责人应向工作班人员交代现场安全措施，带电部位和其他注意事项。工作负责人必须始终在现场，对工作班人员的安全认真监护，及时纠正违反安全的动作。

252. 全部工作完毕后，应怎样进行工作票终结手续？

全部工作完毕后，工作班应清扫整理现场，工作负责人应先周密检查，待全体工作人员撤离工作地点后，再向值班人员讲清所修项目、发现的问题、试验结果和存在的问题等。并与值班人员共同检查设备状况、有无遗留物件、是否清洁等。然后在工作票上填明工作终结时间，经双方签名后，工作票终结。

253. 在全部停电或部分停电的电气设备上工作，保证安全的技术措施是什么？

（1）停电。

（2）验电。

（3）装设接地线。

（4）悬挂标示牌和装设遮栏。

254. 检修工作地点必须停电的设备有哪些？

（1）检修的设备。

（2）工作人员在进行工作中正常活动范围的距离小于安全间距的设备。

（3）带电部分在工作人员后面或两侧，无可靠安全措施的设备。安全间距的规定是 10 kV 及以下 0.7 m，35 kV 及以下 1 m。

255. 对停电设备验电应遵守哪些规定？

（1）验电时，必须用电压等级合适而且合格的验电器。在检修设备进出线两侧各相分别验电。验电前应先在有电设备上进行试验，确认验电器良好。如果在木杆、木梯或木构架上验电，不接地线不能指示者，可在验电器上接地线，但必须经值班负责人许可。

（2）高压验电必须戴绝缘手套。验电时应将验电器逐渐与带电体接近直到氖泡发光或声响为止。

（3）信号灯和电压表不得作为设备无电压的依据。

256. 检修停电设备时，为什么要装设接地线？

这是保护工作人员在工作地点防止突然来电的可靠安全措施；同

时设备断开部分的剩余电荷，亦可因接地而放尽。接地时应使用绝缘棒和活动夹头，以及三相短接的专用接地线。

257. 临时遮栏与带电设备应保持多大距离?

部分停电工作时，对于安全距离小于规定距离以内的未停电设备（10 kV 及以下为 0.7 m 等），应装设临时遮栏。

临时遮栏与带电部分的距离，10 kV 及以上不得小于 0.35 m，35 kV 不得小于 1 m，60 kV 不得小于 1.5 m。临时遮栏可用干燥木材、橡胶或其他坚韧的绝缘体材料制成。装设应牢固，并悬挂“止步，高压危险”的标示牌。

258. 常用电气安全标示牌有哪些?

常用电气安全标示牌有以下 7 种，见表 6—6。

表 6—6　　常用电气安全标示牌

序号	名称	悬挂处所	式样		
			尺寸（mm）	颜色	字样
1	禁止合闸，有人工作	一经合闸即可送电到施工设备的开关和刀开关操作把手上	200×100 和 80×50	白底	红字
2	禁止合闸，线路有人工作	线路开关和刀开关把手上	200×100 和 80×50	红底	白字
3	在此工作	室外和室内工作地点或施工设备上	250×250	绿底，其中有直径 210 mm 的白圆圈	黑字，写于白圆圈中

续表

序号	名称	悬挂处所	式样		
			尺寸（mm）	颜色	字样
4	止步，高压危险	施工地点临近带电设备的遮栏上；室外工作地点的围栏上；禁止通行的过道上；高压试验地点；室外构架上；工作地点临近带电设备的梁上	250×250	白底红字	黑字，有红色箭头
5	从此上下	工作人员上下的铁架、梯子上	250×250	绿底，其中有直径 210 mm 的白圆圈	黑字，写于白圆圈中
6	禁止攀登，高压危险	工作人员上下的铁架临近可能上下的另外铁架上，运行中变压器的架子上	250×250	白底红字	黑字
7	已接地	悬挂在已接地线的隔离开关操作手柄上	240×130	绿底	黑字

第七部分 电气防火防爆与防雷

259. 电气防火防爆措施主要有哪些?

电气防火防爆措施主要有：

(1) 防止形成燃爆的介质。可以用通风的办法来降低燃爆物质的浓度，使其达不到爆炸极限；可以用不燃或难燃的介质防止火灾、爆炸事故；可以采取保持防火间距、限制可燃物的使用量和存放量的措施，使其达不到燃烧、爆炸的危险限度。

(2) 严格控制点火能源，主要是指明火、高温表面、冲击和摩擦、自然发热、绝热压缩、电火花、静电火花、光线和射线等。

(3) 合理选用电气设备，安装防火防爆安全装置，如阻火器、防爆片、防爆窗、阻火闸门以及安全阀等，以防止发生火灾和爆炸。

260. 在有爆炸和火灾危险的建筑物内怎样做好设备的接地和接零?

为防止电气设备外壳产生较高的对地电压，防止金属设备与管道之间产生火花，必须使接地电流的路径有可靠的电气连续性。减少接地电阻和均衡建筑物内的电位，一般采用下列措施：

(1) 将整个电气设备、金属设备、管道、建筑物金属结构全部接地，并且在管道接头处敷设跨接线。

（2）接地或接零用导线，可采用裸导线、扁钢或电缆芯线，并具有足够大的导电截面积。

（3）所装设的电动机、电器及其他电气设备的接线头、导线和电缆芯的电气连接等都应可靠地压接，并有防止接触松弛的措施。

（4）为防止测量接地电阻时产生火花引起事故，应在无爆炸危险的建筑物内进行或将测量用的端钮引至户外进行测量。

261. 什么是电火花和电弧？有哪些危害？

电火花是电极间的击穿放电，大量电火花汇集起来即构成电弧。电火花的温度很高，特别是电弧，温度可达 8 000℃。因此，电火花和电弧不仅能引起可燃物燃烧，还能使金属熔化、飞溅，构成二次引燃源。

电火花分为工作火花和事故火花。工作火花指电气设备正常工作或正常操作过程中产生的电火花。例如，刀开关、断路器、接触器、控制器接通和断开线路时产生的火花；插销拔出或插入时产生的火花；直流电动机的电刷与换向器的滑动接触处、绕线式异步电动机的电刷与滑环的滑动接触处产生的火花等。

事故火花是线路或设备发生故障时出现的火花。例如，电路发生短路或接地时产生的火花；熔丝熔断时产生的火花；连接点松动或线路断开时产生的火花；变压器、断路器等高压电气设备由于绝缘质量降低发生的闪络等。

事故火花还包括由外部原因产生的火花。如雷电火花、静电火花、电磁感应火花等。

除上述外，电动机的转动部件与其他部件相碰也会产生机械碰撞火花。

电火花和电弧是造成电路、电气火灾或爆炸的主要原因之一。就爆炸而言，除多油断路器、油浸式电力变压器等充油设备本身可能爆炸外，以下情况可能引起空间爆炸：

（1）周围空间有爆炸性混合物，在危险温度或电火花作用下引起空间爆炸。

（2）充油设备的绝缘油在高温电弧作用下气化和分解，喷出大量油雾和可燃气体，引起空间爆炸。

（3）发电机的氢冷装置漏气，或酸性蓄电池排出氢气等，形成爆炸性混合物，引起空间爆炸。

（4）高压设备短路时发生爆炸。

262. 发现火灾时如何切断电源？

火灾发生后，电气设备因绝缘损坏而碰壳短路，线路因短路而接地，使正常情况下不带电的金属构造、地面等部位带电，导致因接触电压或跨步电压而发生触电事故。因此，发生火灾应首先考虑切断火灾现场及周围可能存在危险的电源。

（1）火灾发生后，由于受潮或烟熏，开关设备的绝缘能力会降低，因此，拉闸时应使用绝缘工具操作。

（2）高压设备必须先操作油断路器，而不应先拉隔离开关，防止引起弧光短路。

（3）切断电源的地点要适当，防止影响灭火工作。

（4）剪断电线时，不同相线应在不同部位剪断，防止相间短路。剪断空中电线时，断头位置应选择在电源方向支持物附近，防止电线被剪断后，断头掉地发生触电事故。

（5）带负载线路应先停掉负载，再切断着火现场电线。

263. 电气火灾常用的灭火器材有哪些？

电气火灾常用二氧化碳灭火器、干粉灭火器等。由于它们所充的灭火剂都不导电，故可用于带电灭火。

泡沫灭火器是建筑物经常配备的灭火器材，由于其灭火剂有导电性，在电气灭火中，既伤绝缘又导电，而且污染严重，故不能用于带电灭火和忌水物质的火灾。但它适用于扑救油火灾和一般固体火灾。

此外，细沙、泥土也可灭火，但只适用于地面流质火源和小型固体材料火源，对电气灭火要慎重使用。

264. 发生电气火灾的主要原因有哪些？怎样预防？

发生电气火灾的主要原因有：

（1）电气线路安装有误，线路导线的绝缘类型、安装方式不适合环境条件。

（2）线路严重过载，接头处接触不良，绝缘损坏而发生短路。

（3）电气设备不正常的运行引起电流过大、温度增高而烤焦绝缘材料引起火灾。

（4）在接通或分断刀开关、熔断器时的火花飞溅到易燃物上引起火灾。

（5）变压器、油断路器的绝缘油老化变质、过多、过少或内部线圈短路造成油箱爆炸、喷油燃烧。

（6）雷击、静电等造成火灾爆炸事故。

可采取以下措施预防电气火灾：

（1）电气设备、电气线路安装要适应环境条件，易燃易爆场所要根据规程要求采用防爆型电气设备。

（2）线路设计要考虑适当的余量，不得随意乱接负荷。

（3）对于易超温爆炸和燃烧的设备要有超温警报和自动切断电源的装置。

（4）为了防止火花和危险温度引起火灾，开关、插座、熔断器、电热设备、电焊设备应避开易燃品和可燃物，保持必要的安全距离。

（5）变压器、油断路器的绝缘油要定期检查更换，注意油标、油位，以保证电气设备的正常运行。

（6）在火灾爆炸危险场所应有防静电措施。为了在灭火时缩短时间，减少损失，便于及时扑救，应在易燃易爆危险场所和重要场所放置适量的灭火器材。

265. 爆炸危险场所敷设线路时应采取哪些措施？

（1）配线方式应采用绝缘线穿钢管明敷或暗敷，其管壁厚应在2.3～3 mm之间。

（2）铠装电缆等工程。

（3）照明线路如没有外界机械力或化学作用的影响，允许采用铠装聚氯乙烯电缆和橡皮电缆明敷。

（4）移动式电气设备及起重设备应采用橡套电缆。

（5）灯具应采用安全灯或防爆灯，其接线盒应密封良好。

（6）引入电动机和其他用电设备的连接点，应采取防自动脱落措施，且连接点在密封的接线盒内。

（7）凡来自或引出非防爆车间之管线孔及电缆孔等，均采用密封措施。

（8）所有非导电的金属部分，都要可靠连接，且只能用专用接地线。

266. 防爆电气设备可分为哪几类?

（1）隔爆型。这类设备能承受内部的爆炸性混合物爆炸而不致受到损坏，而且通过外壳任何结合面或结构孔洞，不致使内部爆炸引起外部爆炸性混合物爆炸的电气设备。

正常运行时产生火花或电弧的隔爆型电气设备须设有联锁装置，保证电源接通时不能打开壳、盖，而壳、盖打开时不能接通电源。

（2）增安型。这类设备是在正常时不产生火花、电弧或高温的设备上采取措施以提高安全程度的电气设备。

（3）充油型。这类设备是将可能产生电火花、电弧或危险温度的带电零部件浸在绝缘油里，使之不能点燃油面上方爆炸性混合物的电气设备。充油型设备外壳上应有排气孔，孔内不得有杂物；油量必须足够，最低油面以下油面深度不得小于 25 mm。直流开关设备不得制成充油型设备。

（4）充砂型。这类设备是将细粒状物料充入设备外壳内，令壳内出现的电弧、火焰传播、壳壁温度或粒料表面温度不能点燃壳外爆炸性混合物的电气设备。

（5）本质安全型。这类设备是正常状态下和故障状态下产生的火花或热效应均不能点燃爆炸性混合物的电气设备。本质安全型设备按其安全程度分为 ia 级和 ib 级。前者是在正常工作、发生一个故障及发生两个故障时不能点燃爆炸性混合物的电气设备；后者是正常工作及发生一个故障时不能点燃爆炸性混合物的电气设备。

（6）正压型。这类设备是向外壳内充入带正压的清洁空气、惰性气体或连续通入清洁空气以阻止爆炸性混合物进入外壳内的电气设备。正压型设备按其充气结构分为通风、充气、气密三种。保护气体可以是空气、氮气或其他非可燃气体。其外壳内不得有影响安全的通风死角。正常时，其出风口气压或充气气压不得低于 196 Pa；当压力低于 98 Pa 或压力最小处的压力低于 49 Pa 时，必须发出报警信号或切断电源。

（7）无火花型。这类设备是在防止产生危险温度、外壳防护、防冲击、防机械火花、防电缆事故等方面采取措施，以防止火花、电弧或危险温度的产生来提高安全程度的电气设备。

（8）特殊型。这类设备是上述各种类型以外的或由上述两种以上类型组合成的电气设备。

267. 防爆电气设备的标志有哪些?

防爆电气设备的类型和标志见表 7—1。

表 7—1　　防爆电气设备的类型和标志

类型	隔爆型	增安型	本质安全型	正压型	充油型	充砂型	无火花型	特殊型
标志	d	e	ia 和 ib	p	o	q	n	s

完整的防爆标志依次标明防爆类型、级别和组别。例如：dⅡBT3 为Ⅱ类 B 级 T3 组的隔爆型电气设备；iaⅡAT5 为Ⅱ类 A 级 T5 组的 ia 级本质安全型电气设备；epⅡBT4 为主体增安型，并有正压型部件的防爆型电气设备；dⅡ（NH_3）或 dⅡ氨为用于氨气环境的隔爆型电气设备等。

268. 在爆炸危险环境中如何选择电气设备?

应根据电气设备使用环境的等级、电气设备的种类和使用条件选择电气设备。所选用的防爆电气设备的级别和组别不应低于该环境内爆炸性混合物的级别和组别。

在爆炸危险环境应尽量少用携带式设备和移动式设备，应尽量少安装插销座。

为了减小防爆电气设备的使用量，应当考虑把电气设备安装在危险环境之外；如果不得不安装在危险环境内，也应当安装在危险较小的位置。

气体、蒸气爆炸危险环境的低压电气设备的选型见表 7—2 至表 7—6。表中，○表示适用，Δ 表示尽量避免采用，×表示不适用，—表示一般不用。

表 7—2　　电动机防爆结构选型

电气设备类别	爆炸危险环境区别						
	1 区			2 区			
	隔爆	正压	增安	隔爆	正压	增安	无火花
三相鼠笼型感应电动机	○	○	Δ	○	○	○	○
三相绕线型感应电动机	Δ	Δ	—	○	—	○	×
直流电动机	Δ	Δ	—	○	○	—	—

表 7—3　　低压变压器防爆结构选型

电气设备类别	电气设备类别					
	1 区			2 区		
	隔爆	正压	增安	隔爆	正压	增安
油浸变压器	—	—	×	—	—	○
干式变压器	Δ	Δ	×	○	○	○

表 7—4　低压开关和控制器类防爆结构选型

电气设备类别	爆炸危险环境区别								
	0 区	1 区				2 区			
	本质安全	本质安全	隔爆	充油	增安	本质安全	隔爆	充油	增安
刀开关	—	—	○	—	—	—	○	—	—
断路器	—	—	○	—	—	—	○	—	—
熔断器	—	—	Δ	—	—	—	○	—	—
操作用小开关	○	○	○	○	—	○	○	○	—
配电盘	—	—	Δ	—	—	—	○	—	—

表 7—5　照明灯具类防爆结构选型

电气设备类别	爆炸危险环境区别			
	1 区		2 区	
	隔爆	增安	隔爆	增安
固定式白炽灯	○	×	○	○
移动式白炽灯	Δ	—	○	—
固定式荧光灯	○	×	○	○

表 7—6　信号及其他电气设备防爆结构选型

电气设备类别	爆炸危险环境区别								
	0 区	1 区				2 区			
	本质安全	本质安全	隔爆	正压	增安	本质安全	隔爆	正压	增安
信号、报警装置	○	○	○	○	×	○	○	○	○
接线盒	—	—	○	—	Δ	—	○	—	○

粉尘、纤维爆炸危险环境电气设备防爆结构选型见表 7—7。

表 7—7　粉尘、纤维爆炸危险环境电气设备防爆结构选型

电气设备类别		爆炸危险环境区别						
		10 区			11 区			
		尘密	正压	充油	尘密	正压	IP65	IP54
变压器		○	○	○	○	—	—	—
配电装置		○	○	—	—	—	—	—
电动机	鼠笼型	○	○	—	—	—	—	○
	带电刷	—	—	—	—	○	—	—
电器和仪表	固定安装	○	○	○	—	—	○	—
	移动式	○	○	—	—	—	○	—
	携带式	○	—	—	—	—	○	—
照明灯具		○	—	—	○	—	—	—

火灾危险环境电气设备选型见表 7—8。

表 7—8　火灾危险环境电气设备选型

<table>
<tr><th colspan="2" rowspan="2">电气设备类别</th><th colspan="3">火灾危险环境级别</th></tr>
<tr><th>21 区
（H—1 级）</th><th>22 区
（H—2 级）</th><th>23 区
（H—3 级）</th></tr>
<tr><td rowspan="2">电动机</td><td>固定安装</td><td>IP44</td><td rowspan="2">IP54</td><td>IP21</td></tr>
<tr><td>移动式和携带式</td><td>IP54</td><td>IP54</td></tr>
<tr><td rowspan="2">电器和仪表</td><td>固定安装</td><td>充油型、
IP54、IP44</td><td rowspan="2">IP54</td><td>IP22</td></tr>
<tr><td>移动式和携带式</td><td>IP54</td><td>IP44</td></tr>
<tr><td rowspan="2">照明灯具</td><td>固定安装</td><td>IP2X</td><td rowspan="4">IP2X</td><td rowspan="4">IP5X</td></tr>
<tr><td>移动式和携带式</td><td>IP5X</td></tr>
<tr><td colspan="2">配电装置</td><td rowspan="2">IP5X</td></tr>
<tr><td colspan="2">接线盒</td></tr>
</table>

269. 常用防（隔）爆型灯具型号字母含义是什么？

安全型及防（隔）爆型照明灯具，均适应于在生产中有爆炸性混合物的场所（或偶然产生上述现象），包括气体、粉尘及纤维等，如有电气火花可能造成爆炸或危险，故在选择防（隔）爆型灯具时，应按爆炸介质等级及自然温度级别充分估计。常用防（隔）爆型灯具字母含义如下：

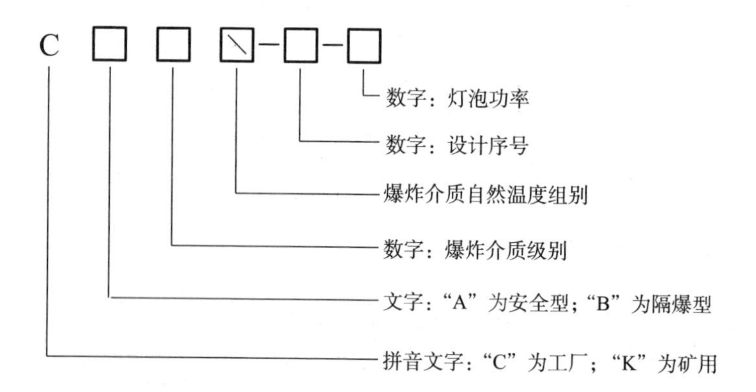

270. 雷电分为哪几种？常用防雷装置有哪些？

雷电分为直击雷、雷电感应、地电压反击、雷电侵入波四种。

当天空的雷雨产生雷击时，其将携带高负荷雷电脉冲、电压及电流以电磁波的形式无规则释放，从而导致雷区所有带金属的导线（如高空架设天线、有线电视电缆、通信电缆、供电系统电缆等）在瞬间内感应到相应强度的脉冲电压及电流。这些电流沿着电气设备上的各种电线或信号电缆进入电气设备内部，在雷击电压超过电气设备额定抗电压的瞬间击坏内部器件，从而将电气设备局部击坏，造成整个设备系统瘫痪，严重时把整机击毁，甚至危及人身安全。

完整的防雷装置包括接闪器、引下线和接地装置。避雷针、线、网、带均是接闪器，而避雷器是一种专门的防雷设备。避雷针主要用来保护露天变、配电设备和建（构）筑物；避雷线主要用来保护输电线路；避雷带（网）主要用来保护建（构）筑物；避雷器主要用来保护电力设备。

271. 避雷针、避雷带（网）、引下线及接地装置所用的材料和安装有哪些要求？

（1）避雷针。避雷针一般用镀锌钢筋或钢管制成，钢管壁厚不小于 3 mm。1～12 m 长的避雷针系分节组装而成，各节推荐尺寸见表 7—9。

表 7—9　　避雷针分节组装尺寸表

避雷针总长度（m）	1	2	3	4	5	6	7	8	9	10	11	12
第一节尺寸（mm）Φ25（25）	1 000	2 000	1 500	1 000	1 500	1 500	2 000	1 000	1 500	2 000	2 000	2 000
第二节尺寸（mm）Φ40（70）			1 500	1 500	1 500	2 000	2 000	1 000	1 500	2 000	2 000	2 000
第三节尺寸（mm）Φ50（80）				1500	2 000	2500	3 000	2 000	2 000	2 000	2 000	2 000
第四节尺寸（mm）Φ100								4 000	4 000	4 000	5 000	6 000

注：括号内的数字用于针高大于 5 m 时。

（2）避雷带（网）

1）明装避雷带（网）。截面要求圆钢直径 8 mm，扁钢为 12×4 mm^2。避雷网格防感应雷为 8～10 m，避雷带（网）距屋面为 100～150 mm，支持卡间距为 1～1.5 m，在沉降缝处应多留 100～200 mm。

2）暗装避雷网。利用建筑物钢筋时，其直径不得小于 3 mm。

（3）引下线

1）明装引下线。截面要求圆钢直径不小于 8 mm，扁钢（厚度不小于 3 mm）面积不小于 12×4 mm^2。每个建筑物至少有两根引下线。引下线弯曲处应为软弯，大于 90°；距墙面为 15 mm；支持卡间距为 1.5～2 m；断接卡子距地 1.5 m。

2）暗装引下线。当利用混凝土柱子中钢筋作为引下线时，最少有四根柱子（每根柱子至少有两根主筋焊接）作为引下线。

（4）接地装置

1）垂直接地极。钢管直径为 20～50 mm；角钢为 20×20×3～50×50×5 mm^3；圆钢直径为 12 mm；长度均为 2～3 m。接地极间距为 5 m 最宜。埋入地下顶端距地面 0.5～0.8 m。

2）水平接地线和连接条。扁钢为 25×4～40×4 mm^2。圆钢直径为 8～14 mm。埋深 0.5～0.8 m。

接地装置的接地线的连头和连接处，以及与接地体连接均应焊接。

272. 各类防雷接地装置的工频接地电阻最大允许值是多少？

各种防雷接地装置的工频接地电阻，一般应根据落雷时的反击条件来确定。防雷装置与电气设备的工作接地合用一个总的接地网时，其接地电阻应符合其中最小值的要求，各类防雷专用接地装置的接地电阻一般不大于下列数值：

（1）变、配电所外单独装设的避雷针，其接地电阻一般不大于10 Ω。在高土壤电阻率地区，或在满足不反击的条件下，也可适当增大。

（2）变、配电所构架上允许装设的避雷针，其接地点除与主接地网相连外，还应做集中接地装置，其接地电阻不大于10 Ω，但避雷针的接地点与主变压器的接地点在地中沿接地体的长度必须大于15 m。

（3）电力线路架空避雷线，根据土壤电阻率不同，其接地电阻允许值分别为10～30 Ω。

（4）单独装设的阀型避雷器、管型避雷器、保护间隙，其接地电阻为10 Ω。

（5）烟囱的避雷针，其接地电阻最大为30 Ω。

（6）水塔上的避雷针，其接地电阻最大为30 Ω。

（7）架空引入线瓷脚，其接地电阻最大为20 Ω。

273. 大气过电压的防护设施有哪些？

（1）直击雷防护

1）对架空电力电路装设接地良好的避雷线。合理提高线路绝缘水平，消除绝缘弱点，采用自动重合闸装置。

2）发电厂或变、配电所配电装置应装设避雷针。

3）民用建筑除避雷针外，还有避雷带（网）。

（2）行波防护

1）发电厂及变配电所在35～60 kV的线路进线保护段1～2 km内，装设避雷线和相应的管型避雷器或放电间隙。若在进线保护段装设避雷线有困难，或因接地电阻太高难于满足所需的耐雷水平时，也可装设一组电抗线圈来代替避雷线，电抗线圈的电感值约为1 000 mH。

2）在发电厂，变、配电所的母线上装设相应电压等级的阀型避雷器。

对于大接地短路电流系统中的中性点不接地的分级绝缘变压器，应在其中性点装设阀型避雷器或放电间隙。

（3）对直配旋转电动机除要有完善的进线保护外，还应采用磁吹阀型避雷器来保护电动机主绝缘，并在每组母线上装设电容器和在中性点上装设阀型避雷器，保护匝间绝缘和防止感应过电压。

（4）对于配电网内的配电设备（变压器、柱式油断路器等），除装设避雷器或放电间隙外，还应适当提高配电线路的绝缘水平，消除绝缘弱点，故采用自动重合闸等装置。

为了提高防雷的可靠性，上述所有保护装置均必须装设完善的接地装置。

274. 3～10 kV架空电力线路一般应采取哪些防雷保护措施?

（1）加强线路绝缘水平。在混凝土电杆铁横担的线路上改用高一绝缘等级的瓷绝缘子或采用瓷横担或木横担。

（2）注意对绝缘弱点的保护。线路上的个别金属塔、杆上电缆头、交叉跨越点，应装设阀型或管型避雷器进行保护。三角排列的木杆木横担和混凝土杆木横担线路，也可以在顶相导线上装设接地的保护间隙。

（3）采用自动重合闸或重合熔断器作为辅助的防雷措施。重合熔断器大多装设在线路的分支线上，以便于配合保护间隙保护变、配电设备。

(4) 配电变压器、柱式油断路器、电容器组应装设避雷器或保护间隙。

275. 配电系统的防雷特点是什么？小容量变配电所如何防雷？

配电系统防雷的特点为：

(1) 配电设备（如配电变压器）的绝缘较低，但配电线路（木杆时）对地绝缘很高，故配电设备是配电网的最弱点。

(2) 配电系统的杆塔高度一般不高，且往往被较高的建筑物或树木遮蔽，遭受直击雷的概率较少。

(3) 城市民用和乡村农业用的配电系统，因雷害停电所造成的损失较高压系统要小很多。同时这类电力设备价格不高，故防雷措施不宜太贵。

(4) 相间绝缘较弱，但因工作电压低，所以建弧率小。

小容量变电所一般均采用简化防雷保护方案。图 7—1 所示为电压 35 kV、容量在 3 150 kVA 及以下、供电性质不太重要的变电所的两种简化防雷保护方案，可根据具体情况加以选用。

图 7—2 所示为电压 35 kV、容量在 1 000 kVA 及以下的变电所简化防雷保护接线，这实际上是按一般配电变压器的防雷方案考虑。在变压器母线上装设一组阀型避雷器，另外在线路侧装设一组放电间隙。

变电所内 3～10 kV 配电装置（包括电力变压器）的防止雷电侵入波的保护，以前常用管型避雷器安装在配电线上做保护，运行经验证明管型避雷器容易发生故障、使用寿命短、运行维护工作量大，故现在均用 FZ 型或 FS 型阀型避雷器取代管型避雷器做保护。

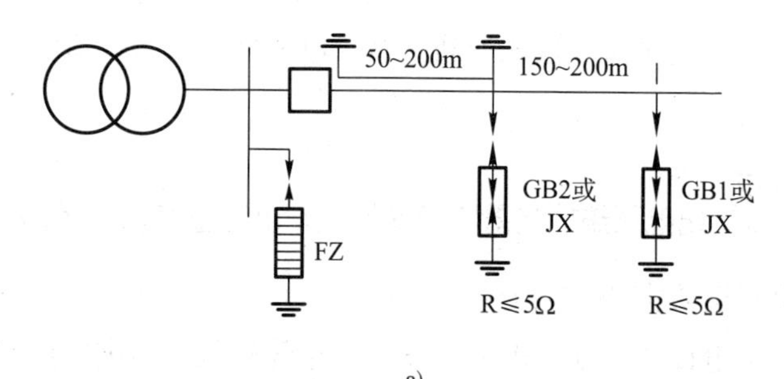

a)

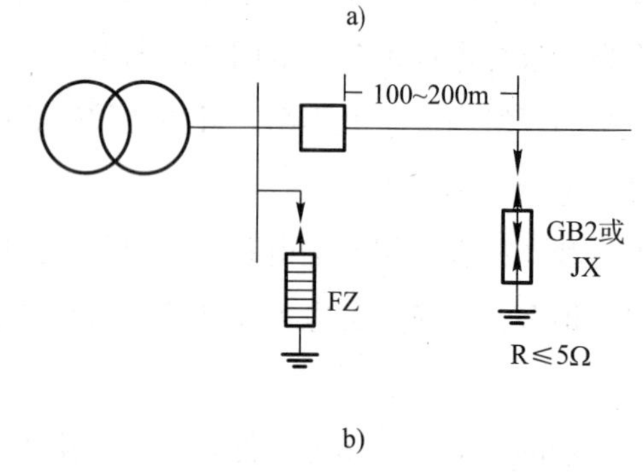

b)

图 7—1　3 150 kVA 及以下变电所简化防雷保护接线图

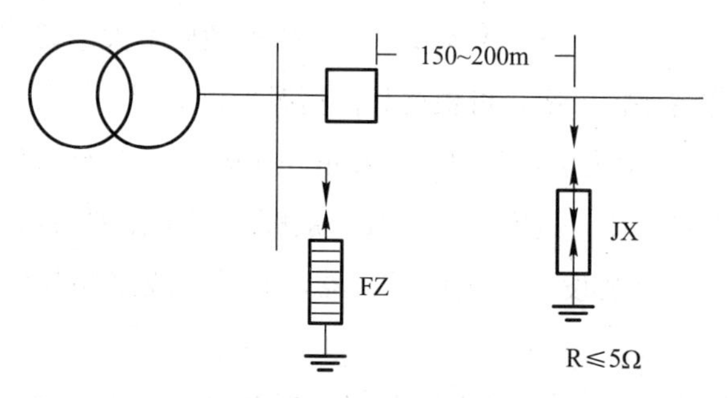

图 7—2　1 000 kVA 及以下变电所简化防雷保护接线图